銀河帝国は必要か？

ロボットと人類の未来

稲葉振一郎 Inaba Shin-ichiro

★――ちくまプリマー新書

334

本文・カバーイラスト　宇田川由美子

目次 * Contents

第1章

なぜロボットが問題になるのか？

1　応用倫理学とロボット

みなさんは、「応用倫理学」という言葉をきいたことがあるでしょうか？　この学問は、経済学をはじめとするこれまでの政策科学がうまく判断基準を与えてくれない新しい社会問題に対する価値判断の指針を導き出すために、哲学的倫理学や神学（キリスト教のみならずイスラームや仏教なども当然含む）の知見を動員するなかから確立してきました。すでによく知られており、現場の政策や実務にも深く組み込まれている領域としては、まずは生命・医療倫理学と環境倫理学が挙げられます。それに対して近年そうした応用倫理学の必要が強く意識され始めているのは人工知能、ロボットの開発と利活用です。

もともとロボット、人工知能は二〇世紀後半の哲学にとってお気に入りのテーマのひとつでした。そもそも二〇世紀哲学の有力な一潮流としての分析哲学の中心は、言語哲学です。一七世紀、デカルトの時代以降の近代哲学の中心が、「人はいかにして世界についての正しい知識を得るのか」という認識論だったのに対して、二〇世紀初頭には折からの論理学の革命に伴い、「人はいかにして正しく考えることができるのか」という問題関心が前面に出てきます。

世界についての認識を人びとが共有するためには言語が必要です。しかも言語はコミュニケーションの道具であるだけではなく、それを用いて考えるための道具でもあります。このような考え方が発展してくるなか、ゴットロープ・フレーゲやバートランド・ラッセルらによって主導された新しい論理学は、新しい数学としての集合論の枠組みを使って、世界の中に存在するものにつけられたタグとしての「名前」や、世界の中で起きている出来事に対するタグとしての「命題」「文」、さらには名前と文、そして文同士の関係を数学的に表現し、その構造を分析するものでした。このようにして、分析哲学においては「第一哲学」は言語と論理の哲学となりました。そしてこの言語と論理の哲学は、コンピューター、電子計算機というかたちで、物理的に具体化されることになります。実際、いわゆる「人工知能第一世代」の基本的な発想は、「論理学の機械化」だと言ってよいのです。このようなかたちで、人工知能はそのスタートから、哲学と縁が深い存在でした。

とはいえ一九七〇年代頃から「第一哲学」ともいうべき哲学の中心は、まさに計算機科学や認知科学の発展を受けて、「心の哲学」と呼ばれる領域に移っていきます。心の仕事は論理的推論だけではありません。現実には、心のある者は同時に物理的な実体である身体を持っています。というより、心とは身体とは別の何かというよりは、身体のある種のはたらき方のことではないでしょうか。人間が論理的推論を行うときにも、実際には脳という器官の中で、神経細胞が激しく運動していますし、コンピューターに計算をさせるときにも、回路の中を電流が走り回っています。つまりそれらも、物理的なプロセスなのです。

身体を通じて世界を体験、認識し、身体を動かして世界とかかわっていくのが、心（ある者）の特徴です。では、このような考え方が人工知能への関心を薄れさせたか、と言えば、後でも見るように、決してそうではありません。心（ある者）の一般理論、人間だけでなくそれ以外のものの心、動物の心なども含めた「心一般」についての科学、とでも言うべきものへの夢が熟してくると、そこにおいてロボットというもの、つまりたんなる人工知能ではなく、人工知能を備えた自動機械というものは格好の実験材料となります——実際に機械として作られるロボットだけではなく、理論上、空想上のロボットさえも「思考実験」の素材なのです。

とはいえ現実的な技術としての人工知能は、つい最近、二一世紀初頭まで、何度かのブームを見つつも総体としては長い冬の時代を経験してきた、と言えます。ロボットの発展も、人工知能技術の総体的な停滞の下で、在来型のコンピューター技術と機械工学の延長線上でのものが多かったのです（実用的な技術としてのロボットにおいては、人工知能とは相対的に独立した、それこそ純然たる機械工学の領域もまた決して軽視できないことは覚えておきましょう）。

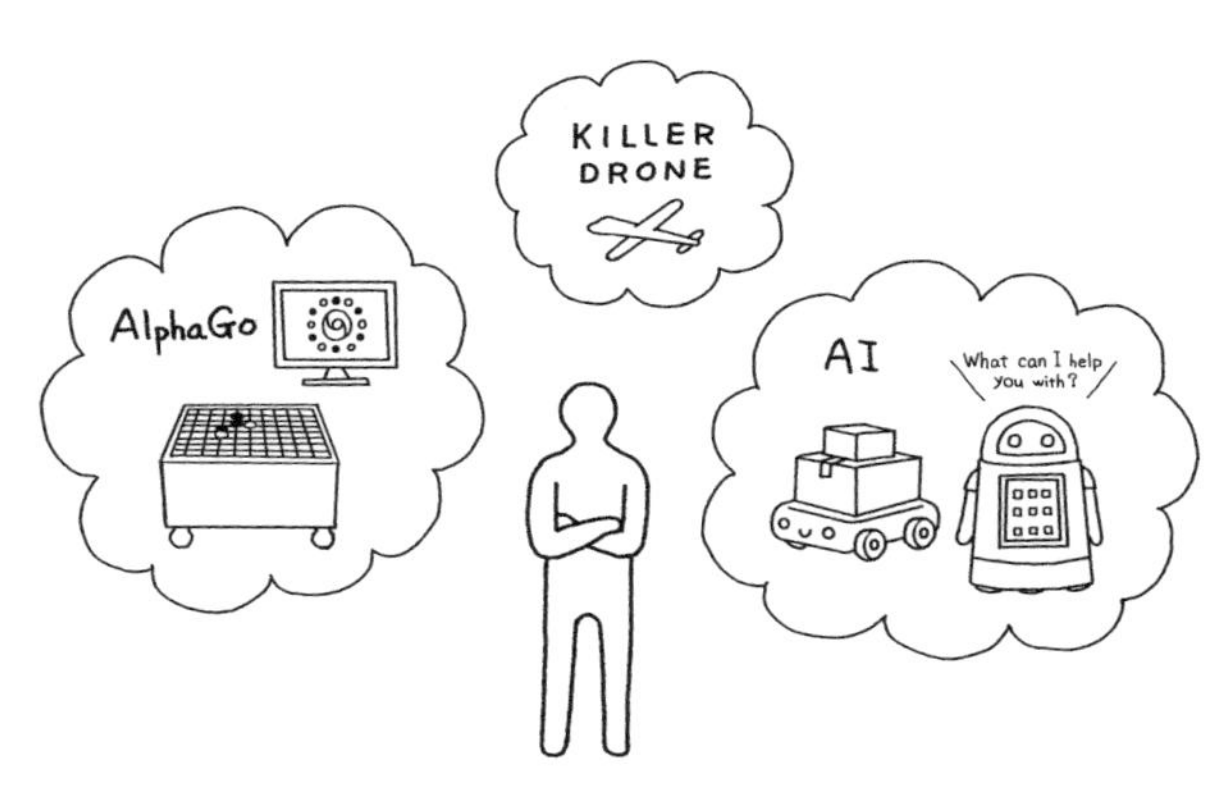

ところが近年、いわゆる統計的機械学習技術の発展により、久々に人工知能ブームが再燃し、後で少し見ますように、実践的な応用が爆発的に開花しました。それによって哲学におけるロボット論でも、知性や合理性をめぐる思考実験にとどまらず、ロボット・人工知能技術の社会的インパクトをめぐる応用倫理学的研究がその存在感を強めるようになってきたのです。

碁のトッププロに勝利を収めたディープマインドのニュースが世間を賑わせたのも、すでに古い話になってしまいましたが、書店に行けばその基盤技術であるディープラーニングやその他の人工知能・機械学習技術についての入門書・啓蒙書は目白押しです。また自動車や航空機の自動運転技術も、すでに実用段階に入っており、むしろそれを社会的に実用化するための制度整備の問題――たとえば事故の場合の責任の社会的な負担をどうするのか、等――が重要な課題となってきました。そうしたブームの一方で、懸念もまた増大しています。人工知能技術のビジネスへの導入が労働現場にどのような影響を与えるか、人間の雇用や賃金への影響は、といった問題はもとより、将来的には人工知能が人間によるコントロールを離れ、逆に人間社会を支配するようになる危険さえも真剣に懸念されるようになっています。わかりやすいところでは、遠隔操縦の無人航空機（いわゆる「ドローン」）、とりわけ軍用無人機の延長線上で、人工知能制御による自律型キラードローン、いうなれば「殺人ロボット」が戦場に横行し始めたとしたら、その国際法・戦争法上の地位はどうなるのか、そもそもそのような兵器システムを認めてよいのかどうか、深刻な議論がすでに始まっています。その中で、先端医療や環境問題においてと同様に、哲学的・倫理学的議論へのニーズも高まっています。

しかしまずは、そのような時事的にホットな論争からいったん距離を置き、歴史を振り返りつつ、すこし抽象的になりますが、人工知能・ロボットの問題を考える際に基準となるべき根本問題について考察することから始めましょう。その際まず参照すべきは、意外なことにSF、サイエンス・フィクションの歴史なのです。

2 変容を遂げるロボットのイメージ

私の考えるところでは、「ロボット」についての唯一正しい定義というものはありません。現実の問題としてもフィクションのテーマとしても、それぞれの問題関心に応じてさまざまなアプローチがありえます。とりあえずここでは、すでにわれわれの世界で具体的に作られ用いられているさまざまな自動機械、「現実存在としてのロボット」と、われわれの抱く「概念としてのロボット」との間には、小さくないズレがあることを注意しておきましょう。言い換えれば、現実のロボットと、SFにおけるロボットは、あくまでも別物なのです。にもかかわらず、われわれが「ロボット」について考える際には、実現している技術のレベルにだけ着目していては不十分であり、純然たる空想、現に実現していないだけではなく、未来永劫(えいごう)技術的に実現される可能性がないような妄想のレベルまで含めての「概念・観念としてのロボット」についてまで射程を広げなければならないのが、面白いところなのです。

ロボットについての空想・妄想の歴史は、現実の技術としてのロボットのそれに先行し、それを先導してきました。そして計算機科学・人工知能・ロボット技術が現実のものとなり、市民社会、職場、一般家庭に広く入り込んできてからも、そうした空想・妄想は陳腐化して衰えることはなく、逆にそうした現実を反映して更新され、ロボット・人工知能についての新たなタイプの空想・妄想が日々さらに発展してきています。つまりロボットについての空想の歴史と現実のロボットの歴史とは、微妙なズレを常に伴いながらも、互いに影響を及ぼし合っています。

たとえば、かつて世界を驚かせたホンダのＡＳＩＭＯに見られるように、少なからぬ日本の研究者・技術者たちが、なぜヒト型二足歩行ロボットにこだわってきたのかといえば、それはおそらくは『鉄腕アトム』以来のＳＦまんが・アニメの膨大な蓄積、その刷り込みがあるからです。『アトム』とほぼ同時期には『鉄人28号』、少し時代が下って『マジンガーＺ』、さらに『機動戦士ガンダム』という流れを見れば、戦後の日本人の中にはヒューマノイド（人間型）・ロボットに対するファンタジーの共有が根強くあることがわかります。空想の産物たるこうしたまんが・アニメのなかのロボットのイメージが、現実の科学や技術に影響を及ぼしている好例がＡＳＩＭＯなのでしょう。

みなさんもどこかできいたことがあるかもしれませんが、「ロボット robot」なる語を生み出したのは、チェコの作家カレル・チャペックです。二〇世紀初頭に書かれた戯曲『Ｒ.Ｕ.Ｒ.』に登場する「ロボット」は金属でできた機械ではなく、タンパク質系の物質でできた人工生命に近いもの、人造人間でした。チャペックがそこで描いたロボットは、人間の代わりに労働を行う存在であり、人間に対する反乱を起こして社会を転覆するあたりまで含めて、非常にあからさまに奴隷身分、あるいは労働者階級のメタファーとして用いられています。

その後は「ロボット」という言葉は、ヒト型の人工生命というチャペックの原義からいくぶん離れて、必ずしもヒト型をしているとは限らない高度な自動機械、あらかじめおおざっぱな命令を打ち込んでおけば、いちいちリアルタイムでの人間による操作によらずとも、ある程度自律的に動いて仕事をする機械一般のことを呼ぶようになりました。自動機械を指す類義語としては、「ロボット」より古い、ある意味由緒正しい言葉として「オートマトン automaton, automata（複数形）」のことも忘れないようにしておきましょう。こちらも計算機科学などでは不可欠の概念となりました。

カレル・チャペックの戯曲『R.U.R.』からの一場面

二〇世紀前半のうちは、このような「ロボット」は大体において空想の産物であり、娯楽・芸術の一ジャンルとしてのSFの中にのみ登場する架空の存在でした。しかし二〇世紀後半になって電子計算機、コンピューターが発達してくると、制御系にコンピューターを組み込んだ自動機械が産業の現場に登場してきます。人間や動物のような姿をした機械に、脳の代わりとなる機械＝コンピューターが組み込まれている、というイメージは、すでに二〇世紀前半のＳＦで確立していましたが、そのイメージが実際に具体化してきたのです。急激に開発が進んできている自動運転車などもその一例であり、ヒト型でこそないものの、まさに私たちが追い求めてきたロボットのイメージの具現化であるのですが、二〇世紀の終盤になると、現実の技術の展開のなかから、別のタイプのロボットがにわかに現れてきました。

3　ネットワーク時代の新しいロボット

主としてインターネット上を勝手に動き回って仕事をするプログラムに対する呼称として、「ボット」（bot）という言葉を聞いたことがある方も多いかと思います。これはコンピューター・ネットワーク上にアップロードされたら、あとはネットワークに接続されたたくさんのコンピューターの上にコピーされ、そこで送り手によってあらかじめ仕組まれた命令を、必ずしもコピー先のコンピューターの持ち主によって命じられることなく、勝手に遂行していくプログラムのことです。もちろん、コンピューター・ウィルスのように、有害なもの、破壊的なものもこの「ボット」の一種と言えますが、今日の状況を考えるうえで重要なのは、むしろウィルスに当たらないボットのほうでしょう。

物理的な実体を持ったロボットと区別するためか、「robot」の語頭の「ro」を落とし、「bot」と呼ばれるようになったのですが、考えようによってはこれも立派なロボットの一種です。しかしその本体は物理的実体のない「ソフトウェア」であり、インターネットが大衆化して以降、たくさんのコンピューターがネットワークでつながったサイバースペースを、半自動で自律的に動き回っています。ここでは、SFに描かれたファンタジーや想像力の世界に、現実のほうが先行している、と言ってもよいでしょう。古典的なSFの想像力は、ロボットや人工知能のありうべき未来として、人間と同等かそれ以上の能力を持つ自律的な主体の到来を予感しました。しかしながらこのボットや、それらが介在するネットワークとしてのIoT――Internet of Things――とは、人間と、心（意志とか意識とか）を持つ人造人間としてのロボットたちが織り成す社会というよりは、意志を持たない自律的な機械としての人工微生物や人工植物たちの織り成す人工生態系としてイメージされるべきものです。あるいはひょっとしたら、それ自体で一個の生物個体であり、個々のボットや機械はその大きな生物個体としてのネットワークの器官、組織、細胞のようなものというべきかもしれません。

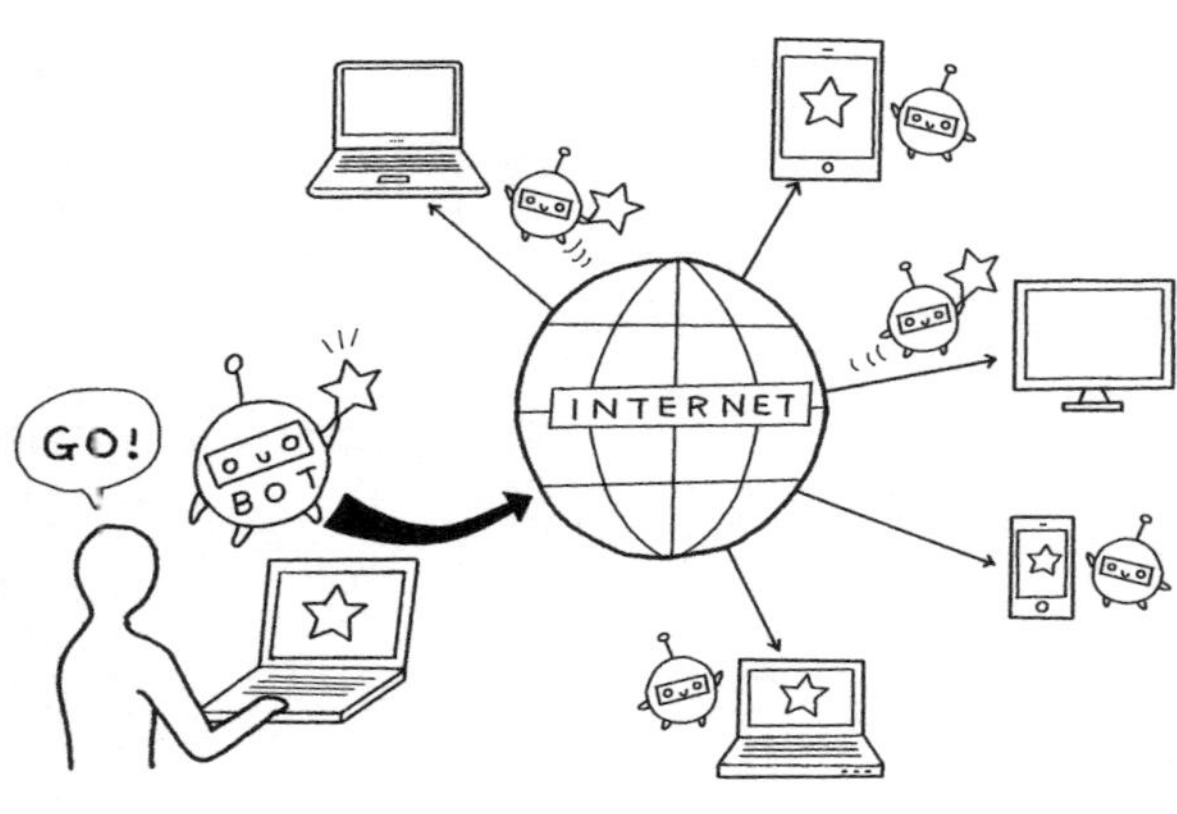

読者の皆さんの使っているパソコン、スマートフォンも、今日ではインターネットにほぼ常時つながっているでしょう。そして基本システムであるOSをはじめとして、その上で動くソフトウェアのほとんどは、いまやわれわれユーザーがいちいち操作しなくとも、自動的に更新されるようになっています。インターネット普及の初期の頃までのパソコンは、まだいわば「閉じた」状態、スタンドアローンの状態のほうが基本であり、電話をかけるように、ユーザーがいちいち個別の操作を意図的に行うことを通じて初めて、外界たるネットにつながるようになっていました。プログラムの更新は、ディスクや電話回線を通じて、ユーザーが必要なときに自分の判断で行っていました。しかし今では、ネットに常時接続しているのが当たり前。しかもそしてネットにつながっているかぎり、こちらが頼み

もしないのに、「あなたのパソコンはそのままだと危険だから直しました」などといってきます。こうなると一台一台のパソコンは、それ自体では自己完結した機械とはもはや言えなくなっています。あえていえば、ネットワーク全体が一個の機械であるような、そんな状況になっているのです。くりかえしますが、個々のパソコンは、巨大なネットワークの一部分を構成する「器官」「細胞」のようなものになってしまっているのです。

それを人間を含めた生物個体と比較してみましょう。個々の人間を含めた生物個体は、それぞれにかなりの程度閉じています。もちろんその体内では、別に意図していないのに神経が化学物質を使って情報を伝達しまくっています。しかしそれぞれの個体は独立していて、そのつもりなしに、無意識に他人とコミュニケーションをとることはありません。個体の中での器官間、細胞間のネットワークの在り方と、生態系のレベルでの生き物個体同士の関係とは、かなり異質です。

初期のコンピューター・ネットワークが、生物個体同士、というより人間同士の意図的なコミュニケーション関係をモデルとしてイメージされていたとしても、現在のそれは相当に違います。現在のコンピューター・ネットワークのつながり方は、人間同士の会話のようなものというより、動物の身体の中での「器官」同士、もしくは「細胞」同士の情報伝達のようなものになっています。そのようなネットワーク世界の中では、ロボットも当然、従来、ネット時代以前のSFで考えられていたようなもの、あるいはネット時代以前に実用化されていたような産業ロボットなどとは、ずいぶん違ったものにならざるを得ないわけです。具体的な身体を持っていないにもかかわらず、ネットワーク上で自律的にはたらいているボットはその一例なのです。

4　飛躍的に発展する遠隔操作のテクノロジー

では、そのようなネットワークの世界、現代のインターネットの世界で、先に見たソフトウェアのみの「ボット」ではない、固有の物理的なボディを持った、その意味では古典的なロボットはどのようなものになっていくのでしょうか。それらは一見したところ、物理的には周囲の環境から断絶したひとつのまとまりをなした、「個体」のようです。しかしながらそれらを情報、ソフトウェアの面からみると、ホンダのＡＳＩＭＯや、あるいは一時流行ったソフトバンクのＰｅｐｐｅｒなどのように、近年のロボットは外部のネットワークに常時つながっているのがむしろ常態、デフォルトです。そうであるとするならば、人間や動物のように「ボディをそれぞれ固有の脳がコントロールする自立した個体としてのロボットが存在する」と本当に考えてよいのかどうか疑わしくなります。今後、ヒト型ロボットが大量生産されて、われわれの社会の中で活動していくようになったとしても、そのロボットたちのそれぞれが、人間のようにその個体固有の「独立した脳」にあたるものを持たないのだとしたら、われわれはそれを「人造人間」とはみなせないのではないでしょうか？

そういえば現実に運用されている無人兵器も、やはりある意味では「無人」ではありません。現場で直接仕事をする当の機体に人間が乗っていないというだけであり、それをコントロールする人間が遠隔地の基地に存在しています。しかもその操作は、昔ながらのおもちゃのラジコン飛行機を飛ばすようなものとも違います。有人であろうが無人であろうが、今日の多くの兵器は、グローバルな軍事ネットワークに常時つながっていて、直接のオペレーターによる意図的な制御以外にも、さまざまな情報を常時自動的に送受信しながら機能しています。私たちがそういう世界におけるロボットの具体的なイメージをつかめずにいるまま、現実のほうがどんどん先へ進んでいます。

現在のインターネットは、主として情報を伝達するものです。当初は文字情報が基本で、やがて音声や映像をやりとりできるようになりました。では、次にくるのは何でしょうか。すでに相当程度実用化されつつあるのは、遠く離れた場所からリアルタイムで自動車を操縦するとか、建設機械を動かすといったリモートコントロールです。手術ロボットを使って、地球の裏側にいる外科医が、目の前にはいない患者の手術をする、といったプロジェクトまで進められています。ネットワークを通じてリアルタイムで情報をやりとりするだけではなく、情報交換を通じて、物理的な仕事を、現場にいなくとも遠隔操作で行うことができる時代が来ようとしています。無人兵器などはまさにそれを実現したもので、つまり、文字や画像や音を送るだけではなく、ある意味において「物理的な動き」を送れるようになってきているのです。命令を送った通りに、向こう側にあるものを動かす。今後のインターネットは、そういう方向にも発展していくでしょう。そういう世界において、物理的な躯体、身体を備えたロボットは、主として、ネットワークを通じた遠隔操作の端末・媒体としてはたらくことになるのではないでしょうか。

二〇世紀中ごろまでのSFに見られたような、ロボットの古典的なイメージは、その極限においては、人間と同等の知性を有する、あるいはそこまでいかなくとも、人間による外からの直接の指令なしに、自立して動き回れる程度の自己制御能力を備えた機械、というものでした。そしてその対極にあるもうひとつのロボットイメージが「人間が遠隔操作する機械」です。こちらは「マニピュレーター」と呼んだほうがよいかもしれません（『マジンガー

Z』『機動戦士ガンダム』といった日本のアニメーションによって大衆的に普及したイメージ、人間が直接搭乗して動かす、ヒト型の乗り物としての「(巨大)ロボット」は、両者の非常に奇妙なアマルガムです)。しかし今日われわれが、すでに無人兵器などにおいて実現しつつあるのは、そのどちらでもありません。それはネットワークに常時接続されており、それ一個での自律性は大して持っていません。しかしながらそれは古典的な遠隔操作機械ともまた違います。

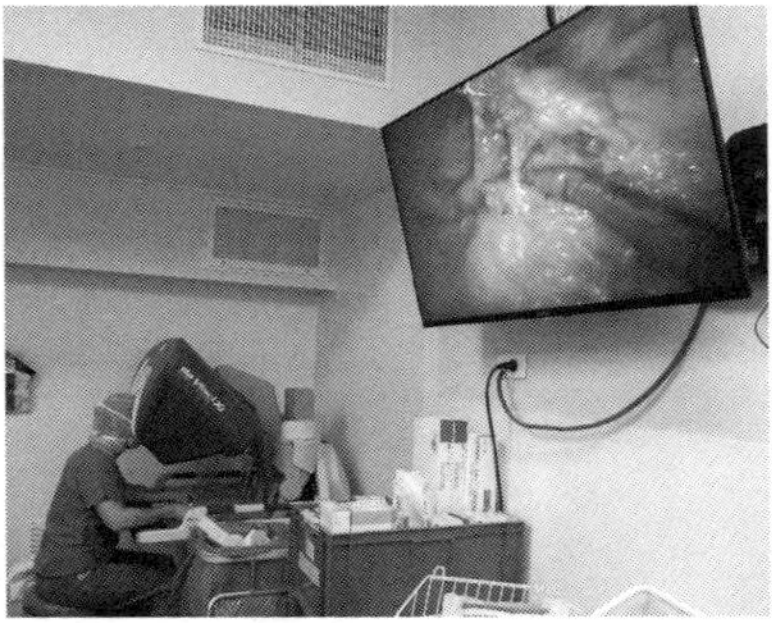

手術ロボット「da Vinci S-HD」による手術の様子

古典的な遠隔操作機械は、オペレーターたる人間の身体の延長であり、つまりは非常に複雑精妙な「道具」でした。現代の遠隔操作機械は、たとえ単独の主操縦者がいたとしても、操縦者と機械の間の接続はインターネットを経由してのものであり、情報の授受、出入力ももはや操縦者との間でのみ行われるものではありません。機体のセンサーを通じての情報に基づき、操縦者は判断を下し、機械に「こう動け」と命令を下すわけですが、センサーからの情報は操縦席にのみならずネットワークの別の場所にある情報集積・管制センターにも同時に送られ、そこからのフィードバックをも受けて最終的に作動するのであって、決して操縦者のみの意のままになるわけではないのです。

5　ネットワーク技術で変貌した人間社会

このような、グローバルなネットワークの端末としてのロボットとどのようにつきあっていくのか？　今日のロボット・人工知能倫理学の主要課題のひとつは、このようなものです。今日のインターネットは、かつてのような人間が操作するコンピューター同士の連結、というより道具としてのコンピューターを用いた人間同士のコミュニケーション・ネットワークを主体とするものから、ロボット、自動機械同士の連結――いわゆるIoTを軸とするものへと変貌しつつあります。そのようなネットワーク技術の発展が、人間社会にどのように影響を与えていくのか、またそうしたネットワークをどのようにコントロールしていくのか？これが非常に深刻な課題なのです。

わかりやすいところで、Ａｍａｚｏｎをはじめとするｅコマースの顧客管理のことを考えてみましょう。Ａｍａｚｏｎのレコメンド（おすすめ機能）は、かつてであれば人間にしかできなかったような、顧客の好みやライフスタイルを類推して、買ってもらえそうな商品を提案する、という機能を、機械学習、統計的情報処理の自動化によって機械化しています。このような技術革新の方向は、言うまでもなくわれわれのライフスタイルを、そして社会のありようを大きく変えていくでしょう。

これまで、私たちにとっての買い物、ショッピングのふつうのあり方は、店頭なりカタログなりで商品を見比べ、自分の好みや価値観、そして経済状況などと照らし合わせつつ、何を買うかを決断し、選択する、というものでした。売り手の側も広告を含めたさまざまな手練手管を駆使して、顧客の選択に影響を与えようとしてきました。その延長線上に、Ａｍａｚｏｎのレコメンド機能は位置しています。しかしながらその発展は、あとひと押しで、ただたんに顧客の選択に影響を与えるとか、あるいは操作するとかいった域を超えて、新たなレベルに入り込もうとしています。どういうことでしょうか？

たとえば私たちは生活必需品、というより文字通りの「生命線（ライフライン）」として、水道や電気、都市ガスの供給を必要としており、また電話、そして今日ではインターネットのサービスも必要としていて、それらを代金を払って購入しています。しかしそうした買い物は、普通の意味での買い物とは違います。同じく生活必需品とは言っても、食糧、食材を買うときには、われわれはその都度その都度の意図的な選択をベースとしている場合が多いでしょう。その

Amazonの倉庫

日のおかず、お惣菜を店頭で、あるいは家で料理するための食材も、その日のメニューに合わせて個別に買います。しかし水道水や電気・ガス、あるいは電話・インターネットはそういうものではありません。もちろんそこでも、とくに民営化・市場化の波が訪れてからは、複数の業者間の競争があり、選択が行われます。しかしそういう選択も、せいぜい契約する業者の選択であって、個別のサービスの選択ではありません。たとえば今日はA社の水を買い、あすはB社だとか、今回の通話はX社だけど、次回はY社にするとか、そのような意味での選択的買い方はしません。特定の業者と一定期間契約したら、その期間はそのサービスを使いっぱなしです。もちろん使用量に応じて、支払う代金が変化することはありうるとしても。

Ａｍａｚｏｎのレコメンド機能は、そのようなライフライン、公共性の高いインフラストラクチャー・サービスの購入行動に非常に似通ったものに、普通の買い物、従来であればその都度その都度の選択を中心にしてきた購買行動を作り替えていく可能性があります。すでにその方向に大きく一歩を踏み出しているのが、音楽・映像ソフトのストリーミングサービスです。コンピューターの高速化、メモリの大容量化、通信の広帯域化によって、音楽・映像ソフトの流通形態が、ひと昔前のテープやディスクなどの物理的記録媒体へのパッケージ化ではなく、通信回線を通じてのものへとシフトしています。その中でソフト供給業者たちは、取引の基本を、かつてならひとつの記録媒体にパッケージ化された個別の作品の選択的取引ではなく、ライフラインの供給サービスのように、一定期間・一定容量での供給業者との通信を丸ごと購入させる、という方向へとシフトさせていっています。とはいえ音楽・映像ソフトは電気・ガス・水道、あるいは電話・通信サービスなどとは異なり、個別の作品はいずれも個性が強く、どれも一緒の同質なコモディティ（電気・ガス・水道はもとより、穀物や鉱物などもコモディティの典型です）ではないため、このような一括取引にはなじみにくいところがあります。そこでものをいうのがレコメンド機能です。顧客との取引データを大量に集積し、それを基に顧客の嗜好を推測して、顧客の選択に先んじて業者の側から、顧客が好みそうなアイテムを提案するのです。この仕組みが発展していけば、顧客の選択に影響を与える、どころか、それを全体として業者が先取りすることによって、顧客を選択から解放することさえ可能になるのではないでしょうか？

もともとは書店から出発したはずが、いまや書籍や音楽・映像ソフトはおろか、消費者が欲するようなものであればなんでも――それこそ食料品さえ供給するようになったＡｍａｚｏｎをはじめとするｅコマース業者は、このような音楽・映像ソフトのストリーミングで成功しつつあるモデルを、ソフトではなくハードな実体のある商品にまで広げていこうとしています。つまりは、食料品で言えば、日々の献立を提案し、それに必要な食材を自動的に買い付ける、といったサービスまで展開しかねないところに来ているのです。つまり、従来は基本的には消費者の自由意志に基づく選択によって行われていた「買い物」の構造を作り替え、消費者の選択を不要とする方向へと、ｅコマースは向かいつつあります。これがいわゆる「サブスクリプション」です。

このようないわばソフトで快適な管理社会化を、どこまで進めてよいのでしょうか？　そこには利益と裏腹の危険や副作用もあるのではないでしょうか？　あるとしたら、どのような？　またそれに対処するために、どのような法的、政策的枠組みが必要でしょうか？　今日の人工知能倫理学の中心的課題のひとつは、このようなものです。

6　自ら動かないものには「心」はいらない？

このように、現代のロボット・人工知能技術の展開は、古典的なロボットイメージ——人造人間か、超高度な道具か、の両極の間のスペクトル——を裏切り、そのどちらでもないものを生み出し、それによって社会を大きく変えつつあります。かといって、古典的なロボット、「人造人間」のイメージそれ自体もまた、じつはなお問題含みで、見かけほどわかりやすいものではないことは確認しておかねばなりません。

「人間」のような自律性を備えたロボットの開発を目指すベクトルは、現実のロボット・人工知能の研究開発の世界にもたしかにありますが、その最終的な行方はよく見えていません。その背景には、そもそもロボットにまねさせよう、再現させようとしているところの「心」とは、人間をはじめとした「心ある者」とは一体どういう存在なのか、がまだ十分にわかっていない、という事情があります。逆に一部のロボット研究者の中には、じつはロボットの研究開発それ自体は手段であって、究極目標は人間——を含めた心ある者とは何か、を解明することのほうなのだ、と公言する向きさえあるのです。

昔のSFには、ここで言う意味での「心」、自分なりの意志や判断力、そしておそらくは意識（それが何なのか本当はまだわかっていないのですが）を持ったスーパーコンピューターがしばしば登場しました。ここで私がなぜそれらを「ロボット」ではなく「コンピューター」と呼ぶのかというと、それらが普通の意味での身体を持っていないからです。もちろんそれはどんなコンピューターもそうであるように、物理的実体、躯体は当然に持っているのですが、その躯体は一カ所に固定されています。

私たちがロボットの身体についてイメージする際の重要なポイントは、ボディが自由に動き回れるということです。別に二本の足を持っていなくても、四本足、六本足、あるいは車輪でもキャタピラでも、どんな形でもいい。他のものと区別可能な実体を持っている、というだけだったら、固定された建物も同様です。「自分で動き回ることができる」ということが、われわれが想像するロボットのふつうのあり方ではないでしょうか。

古い作品なので、読者の皆さんはご存じないかもしれませんが、たとえば『鉄人28号』の作者横山光輝の『バビル2世』というまんがには、先に触れたような心のあるスーパーコンピューターが登場しました。そのコンピューターは、主人公の基地の制御と、主人公の後方支援を任務としており、固定設備として基地に据えられていて、遠隔操作のミニロボットなどを用いることはあっても、本体はデーンと構えていて、自分では動き回りません。ところが面白いことに、そういう「心のある（動かない）コンピューター」のイメージは、今ではＳＦにおいても実際の科学技術においても、時代遅れとなってきています。最近のロボット研究者たちは、「動き回るボディを持たないものには、心は必要ない」という結論に到達しているからです。

横山光輝『バビル2世』に登場するスーパーコンピューター

生物の世界でも脳を持たない植物は、「心を持つ」ことを適応戦略にしていないわけです。しかし動物にとっても、どうやら脳は必須というわけではないようです。たとえばホヤという生き物は、幼少時に動き回るときには脳を持ちますが、成熟してイソギンチャクみたいな定着生活に入ると、自分自身の脳を食べてしまうそうです。居場所が決まり、動いて食べ物を取る必要がなくなると、脳はいらなくなってしまう、ということらしいのです。

こういう生物現象におけるメカニズムも参考にしながら、ロボット研究者がある時期にたどり着いた結論が「動かないものに心はいらない」というものでした。自ら判断し、自分のやるべきことを決める機械というものは、動き回っていろんな未知の環境に入り込み、何か困ったことに出会う可能性があるからこそ、その際に何をなすべきか判断して決定する能力、つまり広い意味での「心」を必要とします。しかしスタンドアローンの固定されたコンピューターには、心などいりません。あったところで、自分で動いて好きな環境を選んで移動したり、あるいは周囲の環境を操作し、改造して自分に都合よくしたり、といったことができない以上、そのために情報を集めてあれこれ考えて決断する、といった能力などは無用の長物であるはずです——こうしたロボット研究者の結論は、非常に興味深いものです。

7　仲間のいないものには「心」はいらない?

さらにこうした知見を受けた研究者たち、ロボット研究者のみならず、生物学者や心理学者、哲学者なども含めた、より広い分野にわたる「心」の研究者たちは「仲間がいない生き物には、心は必要ないのではないか」というところまで議論を進めています。これは大雑把

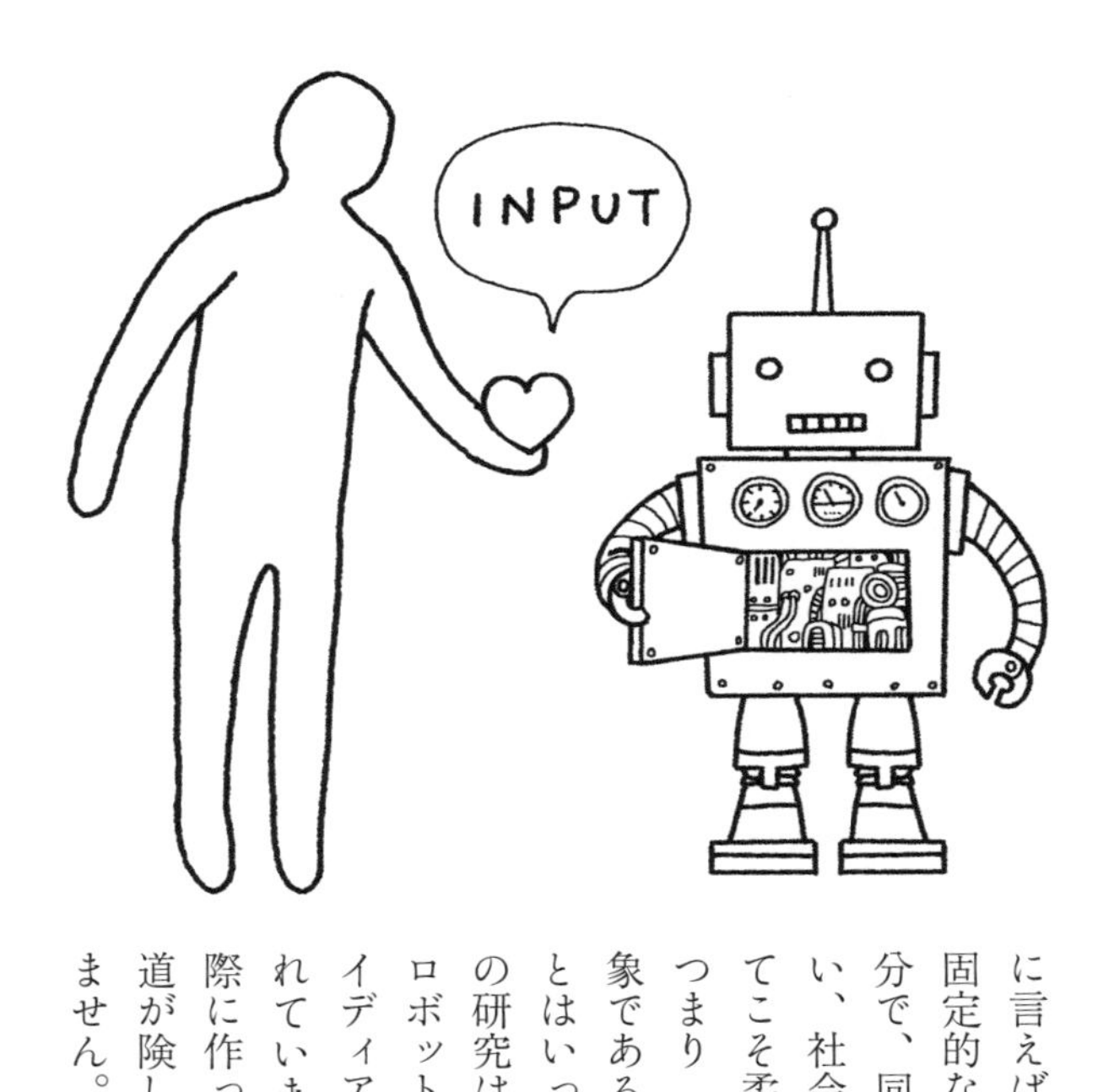

に言えば、自然環境への適応には、じつは固定的なプログラムとしての「本能」で十分で、同じく「心」を持つ仲間との付き合い、社会という複雑な環境への適応においてこそ柔軟な「心」がいるのではないか、つまり「心というのは本来的に社会的な現象である」という仮説です。こうした「心とはいったいどのようなものか」についての研究は、生物学者、心理学者、哲学者、ロボット科学者たちが集まって、互いにアイディアをキャッチボールしながら進められていますが、「では、心のあるものを実際に作ってみよう」というところまでは、道が険しくてまだなかなかたどり着いていていません。

それに加えてもう一つ考えておかねばならない問題があります。上のように考えるならば、人造人間としてのロボットの研究開発という主題は、どうしても、人間それ自体についての深い理解を必要とします。これを「人間の心とは何か、がまずわからなければ、人造人間たるロボットについてあれこれ考えても意味がない」ととるよりは、むしろ「人間の心についての探究と、人間的ロボットの研究開発は、互いに連携して進められるべきである」と考えなければならないことは言うまでもありません。そう考えますと、知的な心を持つロボットの開発は、すでに示唆した通り、実用技術の研究開発という以前に、人間や知性といった主題についての基礎的な研究としての意義を持つことがわかります。

しかしそれを踏まえたうえで今度は、仮にそうした基礎研究がうまく進展していき、実際に心ある人造人間としてのロボットが開発できるようになったと考えてみましょう。そうなるとわれわれの前には、また新たな難問が浮上します。それが、このような存在の道徳的地位の問題です。

現代の、まだ揺籃(ようらん)期のロボット倫理学でもすでにこうした存在の道徳的地位についての議論がなされていますが、基本的な方向性はじつは案外単純です。すなわち、それが人間に近い存在であるならば、それにふさわしく、人間と同等ないしそれに近い道徳的地位を与えなければならないだろう、という具合です。しかし問題は、ロボットはあくまでも「人造人間」であるということです。むろん、それが人工物であることをもって、直ちに自然人よりも道徳的地位が低いことは自明である、などと言いたいわけではありません。問題は、ロボットは人工物であるがゆえに、それが果たして実現されるか、現実に存在するようになるかどうか自体が、いま現に生きている人間の選択にかかっている、ということです。すなわち、純粋な研究の見地からはともかく、実用的な技術として考えてみたとき、果たして「人造人間」というものにいかなる意味があるのか？　それが実現可能だとしても、わざわざ実現する価値があるのか？　ということです。

なにも苦労して作り出さなくとも、自分で動き回り、臨機応変な判断を下すことのできる存在は、われわれの前にすでにそこにあります。ほかならぬわれわれ、人間、自然人こそがそうです。人間一人を育て、一人前にする。それよりもずっと大変な手間をかけて、「人間にできることを行う人工物」をわざわざ作るということは、技術的に「できるか、できないか」とは別に、経済的に見合わないかもしれません。そもそも「それはいったい何の役に立つのか？」という根本的な疑問がつきまといます。それを「人間」として作るなら、私たちは「仲間」としての人造人間たちの権利を保障し、その福祉に配慮しなければならないのです。これは小さくない「コスト」です。そのコスト、そして責任を引き受ける覚悟もなしに、安易に開発すべきではないでしょう。

もちろん、すでに述べたような問題意識から、純粋に学術的な探究、あるいはむしろ芸術的創造として、人造人間の開発を目指す人は当然出てくるでしょう。しかし、「人造人間」が社会的にありふれたもの、普通のものとして大量に作られ、受け入れられるかどうか、はそれとは別問題です。大量の「人造人間」が社会的にごく当たり前の存在として定着するには、それらがわかりやすい形で「何かの役に立つ」ことが必要でしょう。

8 ロボットに自由と責任を認めるのか？

先に紹介したチャペックの『R.U.R.』のように、ロボットに関するかつての典型的なイメージは、「奴隷」でした。しかしながら、人間同様に心を持つ存在であるチャペックのロボットが、奴隷であることに甘んじず、反乱を起こして人間を滅ぼしてしまうという物語の寓意（ぐうい）を待つまでもなく、「奴隷」として恣意的に、消耗品として使うのであれば、われわれはロボットを心のない機械、純然たる道具に押しとどめておくべきでしょう。そもそも、操作されず、命令されずとも、自ら判断して行動できるような自律的な機械を作ってしまったら、私たちはそういう機械を「人間扱い」しないでいられるでしょうか？

　ここでのポイントは、問題のロボットに責任を負わせられるかどうか、ということです。われわれは道具や機械に対してはもちろんのこと、ペットや使役動物に対しても責任を負わせません。動物がやったことの責任は、飼い主に課せられます。同様に、トラクターに農具がくっついて、農作業をよく仕込んだ家畜のようにある程度自律的にこなしてくれるといった程度のロボットについても、その誤作動の責任は管理責任者・製造物責任者たる人間――所有者や操縦者、開発者等々――に帰せられるでしょう。しかしながら、仮に「会社の経営」を任せられるようなロボットが存在するようになったとしたら、もはやそれを一種の「人間」として――それこそ現在の株式会社が「法人」であるように――扱わないわけにはいかないでしょう。

　しかし、そもそもわれわれは、そのようなロボットの到来を望むでしょうか？　まず、先に示唆したごとく、そうしたロボットの開発・製造コストの問題が考えられます。すでに自然人という資源がわれわれの手元にはあるのだから、それよりも採算上圧倒的に優位でなければ、「責任を負わせられるロボット」を製品化するメリットは考えにくいですね。またそれ以上に、仮にそうしたロボットが実現可能だとしても、それに対して人びと、自然人の側が抱くであろう抵抗感の問題もあります。これもまた広い意味でのコストでしょう。むろん、そうした「責任」を負わせられるロボットに対しては「権利」も割り当てないわけにはいきませんから、その権利保障のコストも無視できません。

とはいえ、以上のような考え方はもちろん、単純に過ぎます。すでに示唆した通り、現在のネットワーク社会の延長線上にわれわれの未来を考えるならば、そこでの典型的なロボットは、常にネットワークにつながっているはずです。しかし人間の脳は、他人の脳とネットで直接つながったりはしていません。そしておそらくそのことは、人間の心の自律性と不可分なのです。

それなら、ネットワークに常時接続されている場合、そのロボットの自律性、他と区別がつく、個性あるものとしての一個のまとまった心というものは、どうやって確保されるのでしょうか。ネットワークから断絶させ、スタンドアローンの機械にしてしまうという手もありますが、そんなことをしたらロボットとしてのメリットがほとんど失われ、人間のほうがずっとコストパフォーマンスがよい、ということになりかねません。

ロボットが人間にとって役に立つ存在であるためには、やはりネットワークに常時つながっていなければならないでしょう。しかしそうやってつねにネットワークにつながったもの、一個の独立した機械というより、ネットワークというより大きな機械の部品であるような存在に、他と識別できる、かけがえのないアイデンティティというものが成り立ちうるかどうか。自己の固有の意志や欲望や責任といったものを持つ存在に、ネットワークに常時つながっているロボットがなり得るかどうかは、非常に疑わしいと言わざるを得ません。

9 なぜ『ガンダム』のスペース・コロニーは地球の近くに置かれたのか

すでに見たように、将来社会における典型的なロボットが、スタンドアローンの機械ではなく、巨大なネットワークの一部、その端末のようなものであるとしたら、それは「人造人間」ではありえないでしょう。ではそもそも、「人造人間」の出番は、はたしてそのようなものが実現可能だったとしても、あるのでしょうか?

深宇宙開発、地球外の他天体や宇宙空間に恒久的な拠点を確保し、さらに探索を進めていく、という事業においては、その可能性があるのではないか? このように考えてみることは、思考実験として有意義ではないかと思われます。

その理由の一つは、時差の問題です。

唐突ですが、『機動戦士ガンダム』をみなさんは見たことがあるでしょうか？　日本のロボットのイメージに大きく影響を与えてきた重要な作品です。ここで『ガンダム』を引き合いに出してロボットについて考えようというわけではありません。あえて言えば『ガンダム』はむしろ、ここで考察してきたようなロボットの問題を封印し回避する工夫を物語全体に仕掛けていると解釈することさえできなくはありません。そこでは、通信攪乱が発達して遠隔操縦や誘導兵器の使用が制限され、有人戦闘機での肉弾戦が主流となった宇宙の戦場が描かれています。しかしながら、スタンドアローンの自律型ロボット兵器であれば、通信攪乱に対しても頑健ではないのか？　との疑問も浮上しますが、その点については「無人兵器による戦闘のエスカレーションを避ける」という問題意識を読み込むこともできます。

しかしそのあたりの、それ自体として興味深い問題系の掘り下げはここではやめておきましょう。ここで問題としたいのは、人びとが本格的に宇宙植民を行った——地球外の宇宙空間を生活圏とするようになった世界がそこに描かれていることです。

『ガンダム』の描く宇宙植民世界は、月軌道圏内という、ある意味で非常にせせこましい世界です。それでは、いったいなぜそこでは、人類の地球外での生活拠点、内部に都市と農園を備えた巨大な人工衛星であるスペース・コロニーは、主として月軌道圏内にとどめられて

『機動戦士ガンダム』に登場するスペース・コロニー

いるのでしょうか？　想像をたくましくして、ひとつの解釈を提示してみましょう。

　月軌道圏内にスペース・コロニーを建造するということは、じつは大変なコストを要する事業です。重力に逆らって大量の物資を月から打ち上げるのは大変ですし、地球から打ち上げるのはもっと大変です。

　建造に必要な材料、資源の供給基地としてもっと有望であるのは小惑星です。小惑星にもいろいろなタイプのものがあって、鉄などの重金属を豊富に含んでいるものから、水や有機物に富んだものまであり、本体の材料だけではなく、生命維持のための水や空気の素材としても期待できます。

もちろん小惑星はどれもこれも非常に遠くにありますが、宇宙飛行の場合の最大のコストは、惑星の重力圏からの脱出に必要なエネルギーであって、太陽系内のことを考えれば、それ以外は大したことはありません。そして小惑星の重力など、地球や月に比べれば微々たるもの、無視して構わないレベルです。ですからコロニー建設のための物資は、地球の近く、月軌道内に作る場合でも、近くの地球や月から打ち上げるより、遠方の小惑星から運んできたほうが、はるかに安くつくことは間違いありません。場合によっては、小さめかつ有用鉱物が豊富な小惑星があれば、そこで採掘した資源を宇宙船で運ぶより、小惑星自体をまるごと、地球の近くまで引っ張ってくるほうがはるかに安上がり、ということも考えられます。それどころか、いっそ小惑星を直掘り（じかぼり）してその内部にコロニーを作ってしまえば、さらに経済的かもしれません。

しかしここまで考えると、なぜ自然の軌道にある小惑星をそのまま直掘りして、コロニーとしてしまわないのか？　なぜわざわざ地球近傍まで持ってくるのか？　元の軌道のままのほうがさらに安上がりではないか？　という疑問が浮上します。

地球に近い月の軌道上にわざわざコロニーを建設する理由があるとしたら、ひとつには太陽エネルギーの問題があるでしょう。小惑星帯は火星軌道と木星軌道との間にあり、単位面積当たりで得られる太陽エネルギー量は地球付近よりも少ないはずです。しかしながら一口に「小惑星」とはいっても、そのすべてがいわゆる小惑星帯、火星軌道と木星軌道の中間領域にあるわけではなく、地球軌道近傍、つまり同等の太陽エネルギーが得られる軌道を回るものもたくさんあります。とすれば、最重要の問題は、地球との距離の問題、とりわけ通信時差の問題ということになりましょう。月軌道圏内なら、地球との通信に秒単位の時間しかかかりません。地球上にいるかぎり、私たちは光速度の限界をあまり考えることがなく、地球の裏側の人とでも、リアルタイムでしゃべっているような感覚を維持できます。実際には微妙な時差がありますが、生身の人間にとって気になるほどではありません。これが地球と月くらいの間になると、秒単位の時差が生まれます。それでも「ちょっと気になる」程度の問題で、気分的にはほとんどリアルタイムの会話ができるでしょう。ガンダムの世界のスペース・コロニーは、（通信攪乱の設定により見えにくいですが）そういう範囲に置かれているのです。すなわち、今日のグローバルなネットワーク社会が辛うじて成り立ちうるギリギリ限界が、地球―月系内なのです。

10　なぜ、宇宙進出にはロボットが必要なのか？

しかしながらもしもコロニーを小惑星帯に置いたら、あるいは「地球近傍軌道」とはいっても、月軌道周辺などの地球周回軌道におかない限りは、もはやそうはいきません。時差は少なくとも分単位となって、リアルタイムのおしゃべりは成立しません。それは先ほど触れたような、精密機械の遠隔操作や遠隔手術などが、地球とコロニーとの間ではできない、ということを意味します。こうした遠隔コロニーとの間の情報通信には、もはや同時性はありません。その限りでのみ、一九世紀以前、電信以前の時代への逆戻りとなります。

もしも分単位以上の時差がある宇宙で、複雑な作業を長期間にわたってさせようと思ったら、その場に生身の人間がいかないのであれば、高度に自律的な自動機械が必要となります。今日の高度情報通信社会において展望されているような、グローバルネットワークに常時接続し、端末としてはたらくロボットではなく、スタンドアローンでも十分に自律的に機能する知能機械としてのロボットが。

むろんわれわれが知っている一番性能が高くて安上がりな自動機械は、人間、自然人そのものです。ところが人間の活動は、強い物理的な制約条件を満たして初めて可能となります。人は空気のない環境では生きられないので、宇宙に出るときには生命維持装置をたくさんつけなければならない。というより、人間がそこで進化し生存している地球環境を部分的に再現した人工環境を伴わずして、宇宙空間に出ることはできない。すなわち、少なくとも呼吸するための空気と、私たちの身体を作る基本素材たる水、さらには人体常在菌の生態系が必要となります。言うまでもなく食糧も、短期的な、やがて地球に戻る旅行であれば消耗品として積載するだけでよいですが、コロニー、つまり植民、宇宙空間や他天体への定住を目指すのであれば、水や空気を循環させ再利用し、食糧となる生物を定常的に生み出せるだけの生態系が必要となります。

さらに問題となるのは宇宙線被曝(ひばく)です。私たちは地球の大気や磁場によって宇宙線や隕石(いんせき)から守られていますが、宇宙空間ではそれらの恩恵を受けられません。しかし宇宙線や隕石を避けるための人工の仕組みを用意するには、大変なコストがかかります。火星の大気には地球ほどの遮蔽能力はありませんが、温室風のドームや地下にコロニーを作るのであれば間に合うかもしれません。しかし火星にも、地球ほどではありませんが重力があり、無重力という宇宙空間ならではのメリットは利用できません（地表から宇宙に向けての離着時のコストはばかになりません）。宇宙空間の基本的な活動拠点としては、やはり無重力圏の小天体、すなわち小惑星とか、人工衛星・惑星、つまり宇宙ステーションが望ましいでしょう。しかしそのようなところでは、宇宙線の遮蔽があまり利きません。人間を含めた生物にとって、そこは非常に過酷な環境なのです。となればそこは「人造人間」レベルの高度ロボットの出番ではないでしょうか？　地球上においては、いかに高度で、仮に絶対的な能力において自然人をしのぐ性能を発揮したとしても、自然人に対して比較優位を発揮できないおそれのある「人造人間」は、地球外においては逆に、自然人に対して比較優位を発揮しうるのではないでしょうか？

以上の考察を踏まえて、私としてはこう推論したいのです。仮に「宇宙植民」が「大量の生身の自然人が、恒久的な宇宙活動拠点、たんなる基地ではなく、そこで世代的に再生産する共同体としてのコロニーを、宇宙空間や他天体上に構築し、そこに定住すること」を意味するのであれば、それが将来――一〇〇年やそこらの近未来ではなく、もう少し長いスパンでも実現する可能性はそれほど高くない。しかしながらその主体が、「人造人間」としての高度に自律的な知能ロボットまでを含むとすれば、その可能性は少しだけ上がるのではないか、と。

11　地球こそが人類の安住の地、しかしロボットは……？

問題は太陽系内だけではありません。何千年、何万年単位の未来において――もしそこまで人類が生き延びていればの話ですが――太陽系外進出、太陽系外宇宙の探査が行われる可能性もあります。しかし太陽系外の恒星系となると、一番近いところでも四光年ぐらいの距離があるので、現在知られている最先端の技術を駆使しても、そこに行くまでには一〇〇年単位の時間がかかります。当然、生身の人間が生きてたどり着くことはできないでしょう。かろうじて到着できたとしても、その旅行中、ずっと膨大な量の放射線を浴び続けざるを得ません。

それでは、今日の、そして近い将来においても太陽系内の探査の主体である、無人機であればどうでしょうか？　今日のコンピューターを支える電子機器もまた当然、宇宙線に対して完全に頑強というわけではありません（むしろ人間より弱かったりもします）が、改良の余地、あるいは壊れた際の補修の可能性については、生物としての人間よりは柔軟でしょう。恒星間宇宙の探査においても、無人機が主役となる可能性は低くはありません。

しかしながらより大きな問題は、恒星間宇宙探査の場合には、太陽系内に比べても桁外れに膨大な時差の問題がのしかかってくる、ということです。太陽系内探査の場合には、時差はせいぜい分単位から一〜数時間単位です。リアルタイムでの遠隔操縦こそ不可能で、本当の突発事故に対しては無力ですが、分単位、せいぜい時間単位の遅れであれば通信、対応が可能です。しかし恒星間探査に乗り出した無人機に対しては、そのような地球とのフィードバックは非現実的です。何か不測の事故が起こったとしても、その報告が地球に届くのが数年、数十年後のことで、返報にもまた同程度の時間がかかるとなれば、その間に事態は致命的に進行して、もはや対応は不可能、無意味となる可能性が高いでしょう。恒星間探査機に対して期待できることは、せいぜい一方通行の報告を送ってくれることだけです。

さらに欲を言うならば、恒星間探査に際してわれわれが期待することのひとつは、地球外生命、可能であれば地球外知性の発見です。そのようなデリケートなミッションに対しては、たんなる自動機械を送り込むだけでは足りません。本部たる太陽系、地球との双方向的なやり取りが期待できないとなれば、現場の探査機自体に、きわめて柔軟な対応力、自主的な判断力が要請されるでしょう。となればやはりここは「人造人間」の出番ということになるのではないでしょうか?

このように見てくると、意外なことにロボット、それも非常に古典的な、自律的な「人造人間」としてのロボットの可能性について考えることは、宇宙探査、宇宙開発、人類文明の宇宙進出の問題について考えることにつながってくる、というやや意外な結論が出てきます。さて、言うまでもなくまた宇宙も、いや宇宙こそは、ポピュラーカルチャーとしてのSFの、ひょっとしたらロボットを凌ぐ、もっともお気に入りのテーマであったことは言うまでもありません。そしてロボットの場合と同様に、SF的想像力は現実の宇宙開発にヴィジョンや指針を与え、また逆に現実の宇宙開発もまた、SFに大きな影響を与える、という相互作用が見られることも指摘しておかねばなりません。ロケット推進を用いての宇宙航行や、宇宙ステーション、さらには軌道エレベーターなどのアイディアを提出したコンスタンチン・ツィオルコフスキーは、そのアイディアのいくつかをアカデミックな論文としてのみならず、小説、フィクション形式でも表現しています。あるいは通信衛星の基本原理の定式化は、SF作家アーサー・C・クラークによって行われています。

そう考えるとわれわれとしては、アイザック・アシモフの名を思い出さないわけにはいきません。子どものころからのSFファンで、長じて大学の学費の足しにすべくプロのSF作家となって、クラークやロバート・A・ハインラインとともに、二〇世紀SFの黄金時代を支える「ビッグ3」と呼ばれるまでになった作家の名を。そしてアシモフと言えば何と言ってもロボットSFの第一人者として知られています。何より彼に帰せられる「ロボット工学の三原則」は、ロボットという仕組みを人間の社会の中で運用していくにあたってさまざまな問題が起こりうるであろうこと、その多くは政治的・倫理的問題でありうること、をフィクションの世界で予示するものでした。

　ここできわめて興味深いのは以下の事情です。ロボットSFの第一人者たるアシモフは同時に宇宙SF、銀河系全体を植民地化した人類がたどる運命を描いた壮大な架空歴史譚たる『銀河帝国興亡史（ファウンデーション・シリーズ）』の著者でもあります。そしてアシモフは晩年に入って、当初はそれぞれまったく独立に進められていた、「三原則」に則ったロボット社会の歴史の世界と、まったくロボットが登場しない、ファウンデーションの世界とを新作小説の中で統合しようと試みたのです。一体それは何を意味するのでしょうか？

第2章

SF作家アイザック・アシモフ

若き日のアイザック・アシモフ

二〇世紀の作家たるアシモフのロボットイメージは、一見、いまにしてみればいかにも古典的、古色蒼然（そうぜん）としています。しかしながらこれから見ていくように、彼のアイディアとイメージは、現代のロボット・人工知能倫理学にとって、叩（たた）き台としての地位をいまだ失ってはいません。その一方で彼の銀河帝国物語は、自律型ロボットに比べてもはるかにその実現可能性の目途（めど）が立たない超光速（正確には光速度の限界を回避する「超空間」）航行に支えられた星間文明であり、現実世界に生きるわれわれにとっては（「遠い昔、はるか彼方（かなた）の銀河系で」から始まる）『スター・ウォーズ』と同様、おとぎ話、寓話（ぐうわ）、虚構の世界を舞台としたたとえ話として以上の意味を持たないように見えます。寓話、アレゴリーとしての意義しか持たないのであれば、それはファンタジーと本質的には変わりありません。

ファンタジーとは区別されるものとしてのSFに固有の意義があるとすれば、それは寓話、アレゴリー、つまりは虚構の世界を舞台としたたとえ話であると同時に、それ以上の、文字通り現実にありうること、起こりうることについての物語でなければなりません。たとえばロボットSFは、階級問題や人種問題のアレゴリー、寓話であると同時に、ひょっとしたら実現するかもしれない人造人間についての想像でもありました。アシモフのロボットSFは、そのような意味で現実世界に働きかけ、それを導き、作り変える力を持っていたと言えます。

それに比べるとアシモフの宇宙ＳＦ、とりわけ銀河帝国の物語は、政治や権力についての寓話、アレゴリーではありえても、現実の宇宙についての思考を深めてくれるような効果はないのではないでしょうか？

しかしながら作家アシモフの晩年の展開は、ことはそう簡単ではないことを示しているのです。

1　アシモフのロボット物語――機械倫理学のさきがけ

そもそも、ファウンデーション前期三部作を中心とする銀河帝国物語とは切断されていたはずのアシモフの初期のロボット物語においても、宇宙開発、人類の宇宙進出は重要なテーマでした。むしろそこでは、「三原則」（本書一一四―一一五ページ参照）による制約があるにもかかわらず、人間たちの多くはロボットが

アシモフ『われはロボット』（1950年）の初版本

自分たちの生活に立ち混じることを快く思わず、ロボット活用の前線は地球よりむしろ宇宙となる、というふうに描かれていたのです。

　アシモフのロボット物語は乱暴に言えば、USロボット社なる会社とその周辺を舞台に、ロボット心理学者スーザン・キャルヴィン（男性優位のSF界における最初の女性主人公の一人と言えます）を狂言回しとして展開される短編群と、人間の刑事イライジャ・ベイリと相棒のロボット刑事R・ダニール・オリヴォーのコンビが活躍するミステリ連作とに大別されます。前者は二一世紀前後の近未来の、地球とせいぜい太陽系内を舞台としていますが、後者はさらに一〇〇〇年以上未来、超空間航法によって可能となった恒星間文明をその背景としています。

　前者、USロボット社の物語群においては、人間に忌避され、太陽系内の惑星開発に従事する時代のロボットも描かれる一方、人間社会に、ビジネスや家庭に入り込むロボットも登場します。果てはグローバルな統治機構を、絶対的な力と巧みな心理操作で支配する、ソフトな全体主義的管理コンピューターさえ登場し、近づいたり離れたり、依存したり拒絶したり、とロボットを前にした人間社会の逡巡（しゅんじゅん）、大きな振れ幅が主題となっています。

　それに対して後者は、そうした大きな振れ幅を体現する二つの極に、人類社会が分裂してしまった様を描いています。ロボットを伴って人類は宇宙進出を果たし、たくさんの系外惑星国家を作り上げますが、そこではたくさんのロボットにかしずかれて人間たちは意欲を失い、衰弱していきます。他方、ロボットを拒絶し、地球に残ったほうの人類社会も、管理社会の中で停滞していきます。そんなどん詰まりからのルネサンス、人間復権の物語が、ベイリとダニールのコンビが活躍するミステリ連作『鋼鉄都市』『はだかの太陽』です。

これらの作品のほとんどは一九四〇年代から五〇年代、アシモフ自身の青春期と、そしてアメリカSF自体の青春期（俗に言う「黄金時代」）に書かれましたが、その後アシモフは長らくSFから遠ざかり、主としてノンフィクション、ポピュラー・サイエンスに健筆をふるうようになります。大学に職を得たものの研究者としてはついに一流にはなれず、SFの第一人者とはなってもそれだけでは食べていけない。加えて、文学上の趣味が古典的で、一九世紀文学には親しんでいても、同時代、二〇世紀文学には暗かったアシモフは、六〇年代以降のカウンターカルチャーの時代におけるSFの革新、文学的洗練や内面への沈潜といった動向には適応できませんでした。かくしてアシモフは、科学者・教師としての基礎訓練と、大衆小説家として鍛えた明解な文章を武器に、ノンフィクション・ライターとして経済的に成功します。しかしながらカウンターカルチャーの高揚を受けて、SFの文学的洗練を目指した六〇年代の「新しい波　New Wave」が落ち着いたころ、七〇年代に入ってアシモフは、まずは推理小説を書くことでフィクションに復帰し、ほどなくSFも書き始めます。そして八〇年代には、先述の通り、ベイリとダニールの物語の続編『夜明けのロボット』『ロボットと帝国』において、ロボット物語の世界と銀河帝国の世界を統合していくのです。

2　自問するロボットたち

初期短編のいくつかにおいても、そのような方向性は断片的に予示されてきたのですが、後期のアシモフが描くロボットたちは、よりはっきりと主体的になります。つまり、あらかじめのプログラムにのみ従うのではなく、学習能力を備え、それに基づいて自らの行動原理を修正していきます。そのようなロボットは「三原則」を自明視するのではなく、そもそも「三原則」にしたがって人間を守り、人間に奉仕するとはいかなることなのか、をますます自問するようになります。たとえば「ロボットが守り奉仕すべき対象であるところの「人間」とはそもそも何か？」について自ら考えるようになるし、また守り奉仕するべき「人間」が具体的に何になるかは、状況に応じて変化しうること、そしてとりわけ、具体的な個人としての人間を守る、という目的と、全体としての人間、人類社会を守りそれに奉仕する、という目的とが、常に調和するわけではない、ということにも思い至るようになります。その中でロボットたちは、ときに慈悲深い独裁者として、巧妙な全体主義的管理社会を構築する方向にも傾きますが、最終的には、人類の繁栄に真に奉仕すべく、自己消去していきます――人類社会からロボットたちは撤退し、人間たちにイニシアティヴをゆだねるのです。ただし、完全に消えるのではなく、陰に隠れて見守る、という形で。『ロボットと帝国』は、ベイリ亡き後のダニールがそうした人類の守護者への道をたどるさまを描きます。かくしてロボット物語は、ロボット不在の銀河帝国物語の前史であったことが明らかにされるのです。

ユダヤ系移民の子であり、アメリカSF界ではリベラル派として知られたアシモフのSF作品の中には、作者の倫理的な選択のあとがいくつか残されています。当時の宇宙SF、とりわけスペース・オペラ（「宇宙を舞台とした西部劇　horse opera」、つまり宇宙冒険SF。映画『スター・ウォーズ』はこの伝統の上に立つものです）の主流とは異なり、彼の銀河系に異星人が登場しないのは、異星人と人類との交渉を描くことが、避けがたく人種主義（レイシズム）的な色彩を作品に帯びさせてしまうことを回避するためでした。また「三原則」の発想は、これもまた一種のレイシズムというべきフランケンシュタイン・コンプレックス、つまりロボットと人間をいたずらに互いに異質なもの、敵対的なものと描くことを避け、合理的に理解可能なものとして描くためです。

そうした選択は、編集者や版元と正面からぶつかることがまだできない、若い駆け出しの作家のものとしては十分に理解できますし、かつその限りで良心的であって否定することなどできようもありません。しかしそれが消極的である――道徳的・政治的な課題の正面からの取り扱いを避ける――ことは否めません。ところが晩年、ＳＦ界の伝説となりつつも、創作の第一線からは退いてポピュラー・サイエンスを主戦場としていたアシモフがふたたび創作に戻ってきて、上述のごとくロボット物語と銀河帝国興亡史を統合しようとした際に試みたのは、もう少し積極的なコミットメントでした。

アシモフにおいてロボット物語は上述のごとく人種問題のメタファーでもあり、それを無害なごとく擬装して取り扱うための便法としての性格が強かったわけですが、もちろんそこには、たんなる比喩ではなくロボットというアイディアそのもの、いまのところは存在していないけれども、将来実現するかもしれない自律的な人工知能機械としてのロボットそれ自体についての考察も、見てとることができます。「三原則」という一貫した理念、というより法によって統制され、人類社会に馴致（じゅんち）されてそのシステマティックな構成要素として位置づけられることによって、フランケンシュタイン・コンプレックスが回避され、ロボットについていたずらに神話化することなく、合理的に考えるための基盤がアシモフによって提供されたわけです。その含意が、階級闘争や人種問題のメタファーとしてではなく、それ自体として追求されたとき、アシモフは意外にも、それが彼の銀河帝国に人間しかいない理由の少なくとも半分を期せずして説明することになる、と気づいたのです。

アシモフの銀河帝国に異星人、人類以外の知的生命が登場してこない理由は、先述の通り二〇世紀中葉、青年期の作家自身によって自覚的に選ばれたものでしたが、それではロボットが登場しないのはなぜでしょうか？　先に挙げたその答えに作家が到達したのは、ようやくその晩年、一九八〇年代になってからでした。ですがこの結論にアシモフが到達したとき、じつは彼は当初自身が設定していたロボットについての基本的前提のいくつかを踏み越えていたのです。その踏み越えが初めて、彼のロボットと宇宙進出についての物語を、寓話以上のものへと昇格させたのです。

3　忠実なロボットから思考するロボットへ

初期、四〇年代から五〇年代、小説家としての最初の全盛期においてアシモフは、しばしばロボットをあくまでも完成品の機械として「小数点の最後の一桁まで」あらかじめ計算されて決められた存在として描こうとしていました。予期せぬ振る舞いをロボットがしたところで、それは基本的には誤作動であったり、人間の側の計算違いであったり、見込み不足の所産であって、ロボット自身は設計された通り忠実に動く、いやそれしかできないものとして描かれました。それに対して人間は無力で不正確で誤りやすいけれども、ロボットとは異なり、論理を超えた直観を駆使し、創造し、変化し、成長していきます。このようなロボットと人間との対比はとりわけ、ベイリとダニールの前期二部作に顕著です。正確無比で誠実で四角四面のロボット、ダニールに対して、果敢な直観で事件の本質に切り込んでいく人間ベイリのコントラストは明確でした。

しかしながら初期短編のいくつかには、設計・実装ミスやその他意図せざる偶然によってかもしれませんが、たんなる滑稽な誤作動という以上に神秘的な創造力を発揮するロボットもまた登場してきます。とりわけ不気味なのは「うそつき」に登場する読心ロボット、ハービーであり、このハービーの人間の内心を読み、それを操作する能力は、ベイリ＝ダニール・サーガの後期二部作からファウンデーション後期二部作まで引き継がれ、歴史の裏舞台に隠れて人間を守るロボットの第一の武器となります。ですから初期アシモフにおいてもロボットは、しばしば野生動物のごとき、手に負えない予測不能の振る舞いを示す存在として描かれていたのです。

　そして七〇年代、ＳＦに本格的に復帰したアシモフは、このロボットのポテンシャルについてより突っ込んだ探究を進めていきます。のちにロビン・ウィリアムズ主演『アンドリューＮＤＲ１１４』として映画化された「バイセンテニアル・マン」が代表的ですが、変化し成長していくロボット、自力で考えて人間も自分自身も予想しなかった結論に到達するロボットについて語り始めていきます。その果てに『夜明けのロボット』においては（五〇年代にも「災厄のとき」においてほのかに予感されていた）「三原則」を突き抜ける「第零法則」が登場します。

「三原則」は基本的には具体的な個人としての人間を想定したものですが、人間は社会的な存在であり、集団としての人類もまた「三原則」の射程に入ります。しかしながら先に見たように、この「人類」とは具体的には何をどこまで指すのか、は必ずしも明らかではありません。まずもってそれは抽象理念なのであり、具体的な適用に際しては、状況に応じてさらなる判断が必要とされます。そしてロボットの活動が高度化してくると、しばしばそこまでの判断を自力で行わねばなりません。その中でロボットたちは、時と場合によっては個人としての人間より全体としての人類を優先すること、という準則を人間とは無関係に自力で編み出し、それがもたらす緊張をも引き受けていくのです。ここまで来たロボットはもはや「自律した理性的存在」という意味では十分に「人間」です。実際自らそう結論するロボットも出てきます（「心にかなう者」）し、人間としての権利を主張し獲得するロボットも出てきます（「バイセンテニアル・マン」）。かくして、ときに「第零法則」のゆえに人間を管理し支配し（「災厄のとき」）、他方でその反省に立って、人間を自立させるべく表舞台から身を引くロボットたち――心ある苦悩する存在、それ自体もまた別種の「人間」たるロボットたちが、アシモフの物語世界の主人公となったのです。

4　自己消去するロボット

そして物語において、ロボット概念の意義が他ならぬロボット自身による自己探求として追究される中で、ロボットは二重の意味で消滅していきます。第一に、ロボットは自律的な存在として人間と対等、同格な存在となるわけですから、ロボットと人間の境界は消滅していきます。その一方で第二に、あくまで人間の他者として人間を守りそれに奉仕する存在としてのロボットは、そのことと人間の尊厳を守ることとの両立の困難を前に、歴史の表舞台からの消滅を目指します。しかしこの後者はとりわけ厄介です。ロボットによる奉仕に人間をゆだねることは、人間の衰退につながり、長期的には人間を害するがゆえに、ロボットはその使命を貫徹するためには、じつは存在しないほうがよいかもしれない。かくして、人間の自尊と克己を促すべく、ロボットは人類の前から消えるわけです。しかし他方で、人間が自ら衰退し、滅びてしまうリスクを甘受しないために、完全な自己消去はせず、陰から人間を見守り、必要とあらば介入する、という選択肢を、旧時代から生き残った最後のロボットであるダニールは取ります。この苦渋の選択、つまり人類の利益のために、陰謀をもって人類を支配する、という戦略が人類にもたらす緊張が、時系列上では銀河帝国興亡史最後のエピソードたる『ファウンデーションと地球』のテーマとなります。そこでは主人公たちは、ダニールに出会い、銀河帝国の歴史、人間とロボットの歴史の真相に到達した人間たち自身によってある結論が下されますが、それは到底アシモフ自身の結論とは思えません。物語は不穏な雰囲気のうちに閉じられ、その後については語られないまま、アシモフは世を去ってしまいました。

このように見たとき、アシモフのロボット物語は、現代の機械倫理学、ロボット倫理学・人工知能倫理学の重要な主題の多くを一九八〇年代時点ですでに先取りしてしまっている、と言えましょう。第一に、アシモフ自身が到底予想もしていなかったであろう統計的機械学習技術によって、アシモフが考えたのとは異なる仕方で、人間の理解を時に超える仕方でふるまう機械としての人工知能・ロボットが実現しつつあり、そのような不透明な道具としての機械を扱うことのはらむ法的・倫理的問題が注目を集めています。他方で、まだ純然たる理論的な問題でしかないとはいえ、アシモフのものをはじめとして多くのSFで想像されたような、「自律的で理性的な存在」「人造人間」であるようなロボット・人工知能機械の開発と利活用がはらむ倫理的問題もまた、生命倫理学・動物倫理学などとの対比の上で論じられるようになっています。第三に、初期のアシモフが「フランケンシュタイン・コンプレックス」として切り捨てつつも、結局後述の「第零法則」、あるいは人類の隠れた後見人としてのダニール、といった形でふたたび問わざるを得なかった問題、人間より優位に立ち、人間を支配しうる存在としての人工知能・ロボットの可能性が提起する問題についても、いわゆる「技術的特異点（テクノロジカル・シンギュラリティ）」や「スーパーインテリジェンス」といったコンセプトとともに論じられるようになっています。

5　アシモフの銀河帝国は宇宙倫理学にとって有意義か？

しかし他方、宇宙SFという側面から見たとき、アシモフの物語が私たちにとって持つ意味はどのようなものでしょうか？　アシモフのロボットSFが、現代のロボット倫理学・人工知能倫理学に対して及ぼしている影響に比したとき、アシモフの宇宙SF、というより、より限定して銀河帝国物語が、宇宙倫理学を含め、現実の私たちの未来に対して持つインプリケーションは、それほど定かではありません。

　少なくともその初期においては、アシモフの銀河帝国は、自身がギボンの『ローマ帝国衰亡史』に着想を得たと語っているように、既存の歴史物語のメタファー以上のものではありませんでした。それでは、後期のロボット物語と合一していく作品群についてはどうかというと、それはある意味で然り、ある意味で否、です。後で少し触れますが、人工知能倫理学の中でも、ニック・ボストロムなどのポストヒューマン論者においては、「テクノロジカル・シンギュラリティ」「スーパーインテリジェンス」をめぐる議論において明らかなごとく、人類ないしはその後継者（人工知能機械にせよ改造人間にせよ）が超未来において宇宙に進出する可能性について論じられることがあります。そのようなレベルにおいてであれば、後期アシモフのロボットと銀河帝国についての作品群は、宇宙開発についての応用倫理学、すなわち宇宙倫理学の主題の先取りとなっていないわけではありません。

　しかしながら現状においては、応用倫理学の中でも新しい分野であるところの宇宙倫理学の守備範囲、主要な課題は、どちらかというとそのような遠未来、人類そのもののアイデンティティさえも自明ではなくなるような、それどころか地球や太陽系の存在自体があやふやとなるような（つまりは少なくとも一〇〇万年単位、それどころかことによっては一〇億年単位の）超未来ではなく、まずは現在、あるいはその自然な延長における（現状の技術水準で可能とわかっている範囲での）宇宙開発、人類による宇宙の利活用であり、未来と言ってもせいぜい一〇〇年から一〇〇〇年単位、太陽系レベルでの宇宙進出くらいしか問題とはされません。もちろんこうした人類による宇宙進出の問題とは別に、地球外知性探査（SETI）の倫理学、地球外知性（後に見るように、それらもまた広い意味での「人間」です）との接触がはらむ倫理的問題についての考察がなされてはいますが、近年のSETIと宇宙論の展開を踏まえて、倫理学者を含む多くの研究者は、人類と地球外知性との接触の可能性はかなり低いと考えています。

それでは、アシモフの宇宙SF、なかんずく銀河帝国興亡史は、現代の宇宙倫理学に対して、有用な知的資源を提供してはくれないのでしょうか？　アシモフの晩年において起きたことは、ロボット物語と銀河帝国物語の統合というよりは、後者の前者への吸収と呼ぶべき事態であり、そこにはロボットについての探究の深化は見られても、宇宙開発、人類文明にとっての宇宙進出の意義についての考察の深まりを見出すことは、できないのではないでしょうか？

すでにわれわれは、自律的な個体としての人工知能機械、「人造人間」であるようなロボットというテクノロジーの出番が、われわれの社会の近い将来において出てくる可能性は必ずしも高くはない、ということを示しました。そしてその決して高くはない可能性が実現するためのひとつの条件として、大規模な宇宙開発、人類文明の地球外への大規模で持続的な進出が考えられるのではないか、とわれわれは提案しました。ただし、そこではまだ検討されていなかった問題があります。すなわち「はたして、人造人間への大規模な需要を生み出すほどの大規模な宇宙開発事業が実現する可能性は、どれほどのものだろうか？」という問題です。

私は『宇宙倫理学入門』において、逆にたんなる科学的探査を超えた大規模な宇宙開発が将来行われる可能性はじつはそれほど高くないこと、とりわけ生身の人間の恒久的な生活拠点を地球外に築く宇宙植民事業のありそうもなさ――技術的・経済的困難――についても検討しました。その壁を乗り越えるひとつの可能性が、言うまでもなくポストヒューマン技術の発展、つまり人間の生物学的・機械工学的改造や、「人造人間」レベルのロボットの開発です。しかし先に見たように、そもそもそれ以外に「人造人間」レベルのロボットに対する大規模な需要、ニーズ自体を見つけることが困難なのです。これは一種の堂々めぐり、悪循環です。われわれが予想もしていないような第三の要因が出現して、宇宙植民とロボット開発をセットで推し進めるような可能性ももちろん無視はできませんが、当然のことながら、それについて今ここで論じることはできません（そもそも、それが具体的には何かということ自体、われわれには今のところ見当もつかないのですから）。

もちろんこのような考察は、ただたんにロボット技術の発展や宇宙開発事業の将来性についての消極的、悲観的な予想を提出するだけにとどまるものではありません。ロボット・人工知能技術の可能性を深く検討する際には、宇宙植民をも含めた宇宙開発の問題を射程に入れるべきであり、逆にまた、宇宙開発の問題について本格的に考察するためには、ロボット・人工知能技術の問題についての検討も同時に行わねばならない、というふうに、問題の複合性を明らかにする、という点で大きな意味があります。しかしながらそのような問題の複雑性を考えるに際して、アシモフのSFはどの程度ヒントを与えてくれるでしょうか？繰り返すならば、ロボット・人工知能の問題を考える際には、「三原則」を含めてアシモフがその創作の中で提起した問題系は、叩き台としての役割を十分に果たしてくれています。

だが、「超空間」航行に立脚した星間文明を描く銀河帝国物語に、おとぎ話、寓話として以上の意義があるのでしょうか?

結論的に言えば、ないこともありません。しかしそれについて考えるためには、いったんはアシモフから離れたほうがよいでしょう。

以下ではわれわれはアシモフから距離を置いて、宇宙SFの歴史をざっと見渡して、それが宇宙倫理学にとってどのような意味を持つのか、について検討します。そのような回り道を経て逆説的な形で、ふたたびわれわれはアシモフ的問題系に出会うでしょう。

第3章　宇宙SFの歴史

『スター・ウォーズ』第1作公開時のポスター

1　「宇宙SF」の主題とは

SFにとって伝統的な主題である宇宙——宇宙開発、星間文明、異星人との接触といった主題系は、かつてに比べると近年、ことに二〇世紀末以降は存在感を弱めているように思われます。マリナ・ベンジャミンのルポルタージュ『ロケット・ドリーム』は、従来考えられていたより宇宙航行は生身の人間にとってははるかに過酷であること（放射線被曝、無重力等の人体への悪影響等々）、またSETIが今のところほとんど成果をあげられていないことなど、現実科学における宇宙探査の困難が、創作としてのSFにも反映していることを指摘します。

たとえば、テレビドラマではありますが、代表的な宇宙SFシリーズであったはずの『スター・トレック』においてさえ、新シリーズでは宇宙船内の娯楽用ヴァーチャル・リアリティ・ツールである「ホロデッキ」を中心に据えたエピソードが激増している、といいます。すなわち、現実の、物理的な宇宙空間は、映画・ドラマ・アニメなどのポップカルチャーにおける想像上のフロンティアの地位を、ヴァーチャル・リアリティたる電脳空間に明け渡しつつある、というのです。

宇宙を舞台とするSFがすっかり消え失せてしまっているわけではありませんが、明らかな様変わりは見られます。たとえば日本で独自に編まれたアンソロジー『ワイオミング生まれの宇宙飛行士　宇宙開発SF傑作選』に収録された作品の多くは「もしアポロ計画が二一世紀まで継続していたら」といった「歴史改変SF」です。そこでは宇宙開発は露骨に「過ぎ去りし未来」として扱われているのです。無論、キム・スタンリー・ロビンスンの火星三部作、小川一水『第六大陸』といった、最新の科学的知見を踏まえた、ストレートな宇宙開発SFも相変わらず書かれているとはいえ、こうしたひねくれた潮流の台頭はなかなかに興味深いものです。

むろんその一方で映画化（『オデッセイ』）されたアンディ・ウィアー『火星の人』や藤井太洋『オービタル・クラウド』といった、近未来を舞台に厳格な科学考証を踏まえた宇宙小説も増えてはいますが、これは現実世界とはある程度断絶した架空世界を舞台とする典型的なSFというよりは、フレデリック・フォーサイス『ジャッカルの日』以降確立した国際謀略小説、とりわけトム・クランシー『レッド・オクトーバーを追え』以降のハイテク軍事スリラーの方にむしろ近く、「私たちのこの現実世界」（の自然な延長線上の近未来）を舞台とするリアリズム小説を志向していると考えたほうがよいのではないでしょうか。異世界や非現実的な異物を主題とするのが典型的なSFだとすれば、それらは典型的なSFではなく、そこに描かれる宇宙は異世界というより、まさにわれわれの前にある現実世界（の自然な延長）なのです。

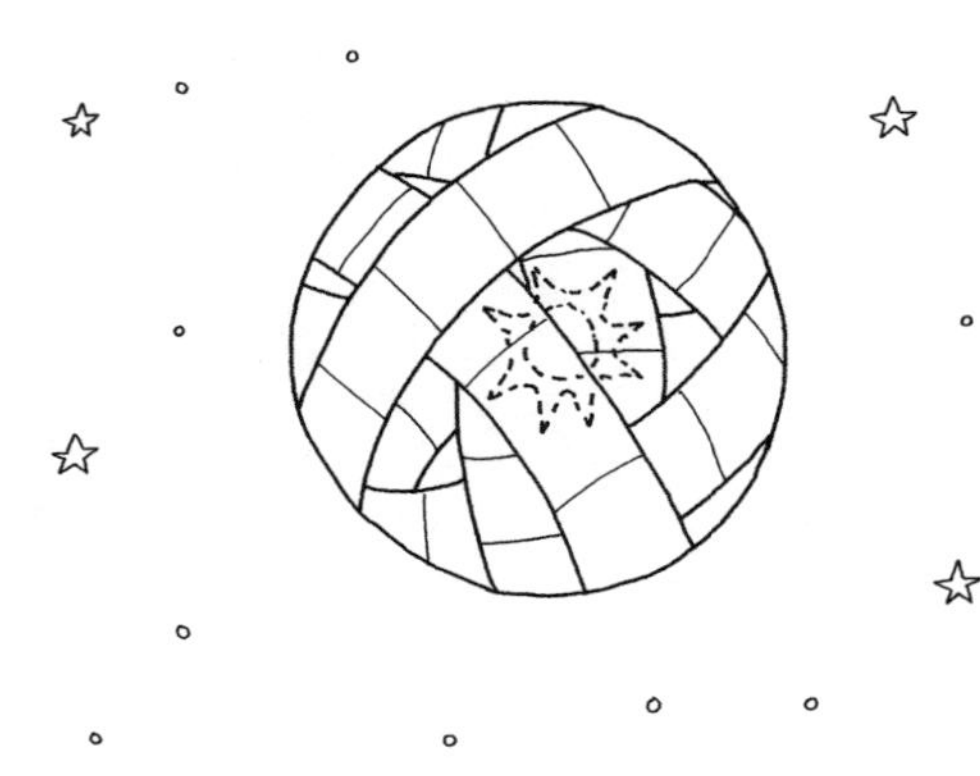

ダイソンスフィア

2　宇宙SFのポストヒューマン化

本格的に同時代の宇宙物理学・天文学の成果を踏まえて、人類の宇宙進出や星間文明を描こうとする作品ももちろん多数存在しますが、今日では、そうした作品は同時にポストヒューマンSFとなってしまっていることが多いのです（「ポストヒューマン」の何たるかについては後述）。たとえばスティーヴン・バクスター『タイム・シップ』はH・G・ウェルズの古典『タイム・マシン』の続編という体裁をとっていますが、そこに描かれる超未来では、人類の子孫が自己複製能力を持つ自律型ロボット宇宙船を飛ばして、数百万年をかけて銀河系全域を植民地化しています。しかしながらそこには現存人類と同じ身体を備えた「人間」はもう存在していません。銀河のあらかたの星はダイソンスフィア（物理学者フリーマン・ダイソンが考案したシステム。恒星を球殻で包み込み、そのエネルギーのほとんどを回収して利用する。スティーヴン・ウェッブ『広い宇宙に地球人しか見当たらない75の理由』他参照）で囲まれ、星空は暗いのです。

もう少しわれわれに近しいポストヒューマンたちの宇宙進出を描く作品としては、たとえばグレッグ・イーガン『ディアスポラ』がありますが、ここでのヴィジョンも相当に異様です。そこで描かれる未来の地球と太陽系には、遺伝子操作によって身体を改変しているが、なおDNAベースの普通の「生物」として地球上で生活する「肉体人」、機械の身体を持ちコンピューターの上で「心」を動かしている自律型ロボットとして、主に地球外で生活する「グレイズナー」、そして機械の身体さえ持たない純然たるソフトウェア（つまり「ボットbot」）として、地球上にメインマシンを置きつつ太陽系中にバックアップ機構を備えた電脳空間「ポリス」で暮らす「市民」の、大まかにいって三種類の「人間」が存在しています。この地球がある日、予想外のガンマ線バーストの直撃を受けますが、直接的に壊滅的な被害を受けたのは地球上の「肉体人」たちだけであり、総人口のうちの多数派を占めるグレイズナーと「市民」（われわれにとってはいずれも「人造人間」レベルのロボットです）は実質的な被害は受けません。にもかかわらず、既知の物理学による予想を裏切って起きたこの現象の真相を解明するために、「市民」たちはたんなる観測に基づく事態の解明に甘んじることをよしとせず、宇宙船を用いた能動的な外宇宙探査計画を実行します。

ここで用いられる「市民」たちの宇宙船は基本的には、バクスター『タイム・シップ』のロボット宇宙船と変わりません。ただしそこに載せるデータは自分たちの「ポリス」そのものです。それぞれに「ポリス」まるごとのクローン・コピーを載せた一〇〇〇隻の宇宙船が、めいめい勝手に宇宙を探査しますが、航行自体は心を持たない自動メカニズムに任され、興味深い対象に行き当たった時のみ「ポリス」が起動されて「市民」たちが覚醒する、という仕組みです。「ポリス」の「市民」たちのうち少なからずはかつての「肉体人」であり、死に際してソフトウェアに移行して「ポリス」にアップロードされた存在であるため、「肉体人」由来の伝統的な心理やアイデンティティをなお引きずっていますが、それでもその死生観は、このようにコピー増殖や中断、再生を許容する以上、有限な一本道の生を送る（われわれと同じ）「肉体人」のそれとは、相当に異なったものにならざるを得ません。

既知の物理法則によって禁じられている超光速での宇宙航行の可能性はもちろんのこと、

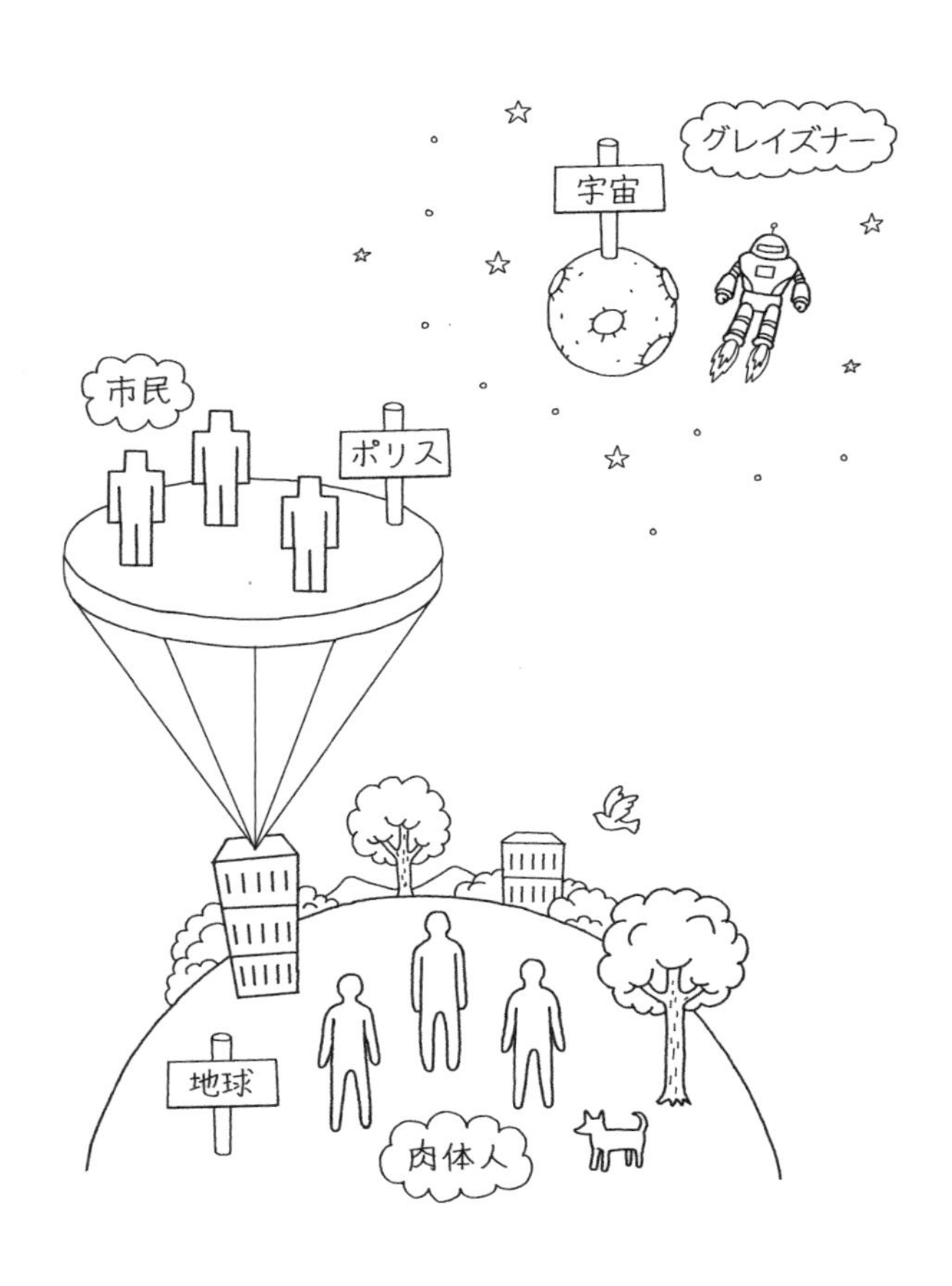

グレッグ・イーガン『ディアスポラ』の世界観

物理法則が許容する亜光速航行でさえ、実用的な技術としては、現在のところその実現の目途は立っていません。ひところは亜光速飛行による「ウラシマ効果」で、少なくとも宇宙飛行士当人にとっては、生身の人間の寿命が十分許すスケジュールでの恒星間航行が可能となる（一〇〇光年単位の旅でも、宇宙船内部の経過時間は数年単位以下にできる）、と想定され、この設定に基づく宇宙探検SFも数多く書かれました（その極北に立つのが、事故で停止することができなくなり、光速に向けてひたすら加速し続けて宇宙の終末と再生に出会う宇宙船を主人公とするポール・アンダースン『タウ・ゼロ』です）が、現実的に考えると、積載せねばならない燃料・推進剤が膨大となるという問題、宇宙船の速度を上げると微細な星間物質との衝突さえ致命的となりかねないという問題、またそれらを同時に解決すると思われた、星間物質を燃料とする「バサード・ラムジェット」方式（『タウ・ゼロ』もこのアイディアをもとにしています）にも、その後さまざまな難点が指摘されたことなどから、いつしかこの「ウラシマ効果」ものも流行らなくなってしまいました（この辺についてはチャールズ・L・アドラー『広い宇宙で人類が生き残っていないかもしれない物理学の理由』を参照）。

また、二〇世紀後半以降、電波天文学の発展を受けて、地球外からの、自然現象ではない、人為的・意図的な電波信号の探査がSETIの中核として継続的に行われ、また二〇世紀末以降、宇宙観測の進歩によって、すでに太陽系外に多数の惑星の存在が確認されているものの、いまだに文明、知的生命の徴候さえ発見できていません。そのような状況下で、地球外の宇宙は、徹底的に人間向きの環境ではない、という認識が、フィクションの世界にさえ浸透しつつあります。その中で外宇宙を舞台にした物語を紡ごうとするならば、その主人公たちは、今ある人間とは大いにその性質が異なった存在として想定せざるを得ない——現代SF作家の少なからずは、その認識に到達しつつあるようです。すなわち、今後宇宙SFは、ポストヒューマンSFになっていかざるを得ないのではないか、と。

バクスターやイーガンの宇宙植民システムをかえりみてみましょう。そこにおける宇宙船は、「有人」船でさえ、実際には生身の肉体、物理的身体を備えた人間を乗せてはいません。それゆえに、航行中の人間の「生存」を維持するための物資やサポートシステムを搭載する必要もありません。平たくいえば、人間（ならびにその周辺）の「情報」を維持するに足るコンピューター・システムしか搭載する必要がないのです。だからそこで想定されている宇宙船は、信じられないほど小さく、軽い——本体についてはそれこそ自動車程度の質量しか想定されていません。それを推進するのに必要な燃料・推進剤も、相対的にわずかとなります。さらに乗員が物理的に帰還する必要がない——地球に「帰還」したければ、行き先での

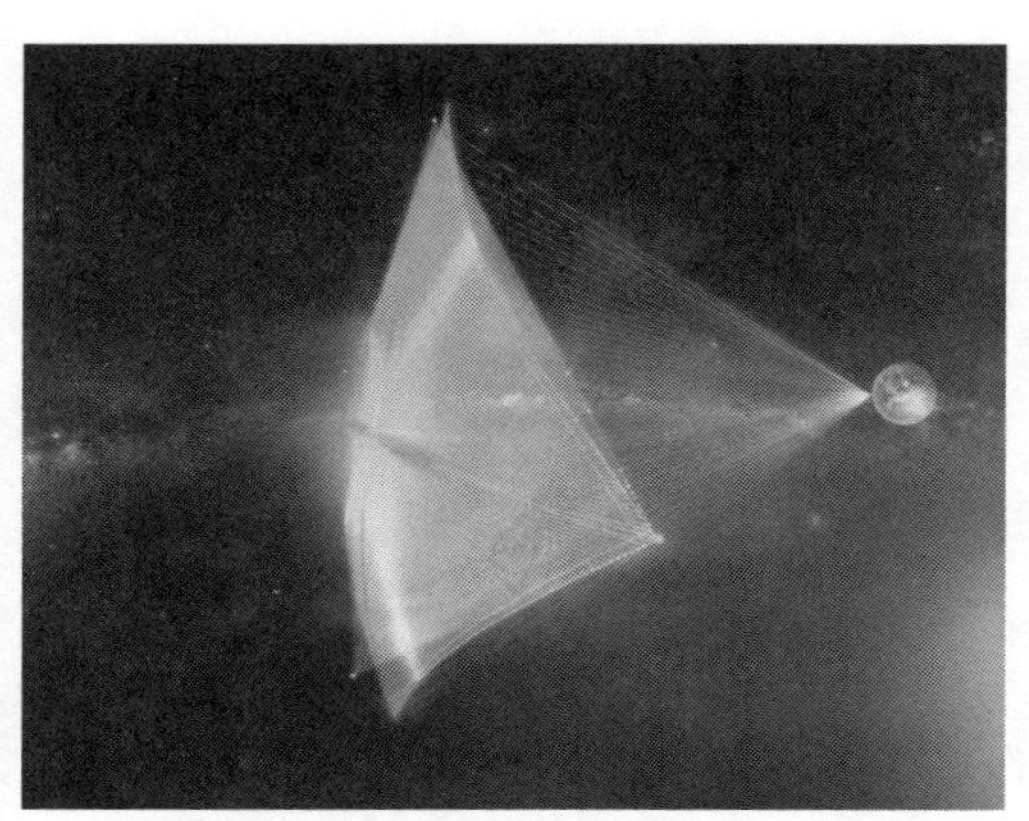

光子帆のイメージ図（Breakthrough Initiatives 作成）

学習成果を取得した人格データを、通信機で返信すればよい――ことを考えれば、本来往復の航程それぞれにおける加速・減速に必要な燃料・推進剤を、単純計算で往路分だけの半分に節約することができます。さらに言えば、燃料・推進剤だって必要なくなるかもしれません。極端な話、行きは発射基地のカタパルトで打ち上げ、加速のみならず、目的地での減速にも光子帆（太陽帆。宇宙空間で展開した帆にあたる恒星からの光子の反作用によって推進する航法）を使えば、ほとんど積載しなくてもよいのです（加速に際しては地球上の発射基地からのレーザービームを、減速に際しては目標の恒星の輻射（ふくしゃ）を利用します）。生身の人間を載せられる宇宙船ならば、光子帆は極端に巨大なものにならなければなりませんが、データを載せるだけでよいなら、サイズを小さく抑えられます。このようなシステムを用いるとするならば、亜光速航行もそれほど困難ではないことになります。しかしこのような宇宙旅行の主体とは、いったいどのような存在なのでしょうか？　生物学的身体はおろか、そもそも物理的身体さえ有さない、たんなるデータとして普段は存在するだけの「人間」とは？

3　「超人類」とオカルト

人間が容易に機械と融合し、それどころか人間と人工知能、ロボットの境界さえ自明ではなくなる世界を描く、ポストヒューマンSFの確立以前の従来のSFにおいても、生物進化のイメージを人間の未来に投影した「超人類もの」とでもいうべきジャンルが存在しました。しかしそれらは基本的には、ロボットSFとは一線を画していました。二〇世紀半ばまでの超人類SFは基本的には、（しばしば核戦争などの放射能汚染の結果増大した）遺伝的突然変異によって、超能力――テレパシー、念力等――を備えるようになった新たな人類の変種を主人公とするものが大半でした。

「超能力」という日本語に対応するのは、大体において、言語を介さず人の精神、つまりは内面的な意識を感知する読心、精神感応を意味するテレパシーや、透視・未来予知などの超感覚的知覚（ESP：Extra Sensory Perception）と、内面的な意識レベルでの意志を、身体を介さず直接に物理的な作用に転じる念力（psychokinesis）、簡単に言えば物理法則を無視して直接に精神が物理的現実世界にはたらきかける力、とになります。こうした「超能力」と古典的なオカルト趣味の対象、たとえば死者の霊魂や、妖精その他超自然の怪物との境界線はあいまいですが、大雑把に言えば二〇世紀ＳＦにおける「超能力」は「現時点での科学によってはその原理は解明されてはいないものの、究極的には自然法則によって説明がつくはずの現象のうち、人間の未知なる可能性と解釈しうるもの」とされていたのです。その流行は文化史的に見れば、ダーウィニズムの通俗的理解という土壌の上に、一九世紀末のオカルト・心霊ブームが折り重なってできあがった現象であったといえます。

しかし、歴史的事情を鑑みれば、ファンタジーと区別されるものとしてのＳＦにおいて、超能力が「科学的」な主題として許容された理由は、多分に偶然的な事情によるものだったのだと考えたほうがよいでしょう。つまりＳＦ揺籃（ようらん）期の有力な作家の少なからずが、超能力や心霊現象に対して肯定的な印象を持ち、それを「科学的に解明しうる現象」として、つまりファンタジーではなくＳＦの主題として取り上げたからこそ、ではないでしょうか。

たとえばシャーロック・ホームズの想像によってミステリの先駆者・プロトタイプ確立者

である一方、かの『ロスト・ワールド』に連なるチャレンジャー教授シリーズによって、SFの先駆者ともなったアーサー・コナン・ドイルの晩年における心霊主義への傾倒は有名です（チャレンジャー教授シリーズの掉尾（ちょうび）を飾る『霧の国』のテーマは、死後の霊魂の実在です）。第二次大戦下に「科学的にリアルなSF」を志向して「黄金時代」を現出し、アシモフをも育てた編集者でありSF作家でもあったJ・W・キャンベル・ジュニアが、科学趣味と同時に心霊趣味に浸（つ）かっており、超能力を「非科学的」と排除しなかったことも興味深いものです。そしてこれもよく知られていることですが、その後キャンベルは、育てたSF作家のひとりであるL・ロン・ハバードが創始した新興宗教ダイアネティックスに入れあげていきます。おそらくはキャンベルの心霊趣味、超能力好きと、アシモフが嫌った彼の人種差別主義とは無縁ではないのでしょうが、これについてはここでは掘り下げません（この辺についてはアシモフの自伝を参照）。

もちろん第二次大戦以降においては、先述の通り原子爆弾以降の核戦争への不安も、人間の突然変異（による超能力の獲得）というテーマの流行に貢献しています。さらにはホロコースト、公民権運動を通過することによって、超能力、超人類というテーマは、人種問題のメタファーとしてもはたらきました。そのことは小説のみならず、スーパーヒーロー・コミックスの展開にも明らかでしょう。またことに日本のまんが・アニメにおいて超能力というモチーフは、思春期・青年期の悩み、苦しみ、憤懣、疾風怒濤のアレゴリーとしても好んで用いられています。

もちろんこのようなオカルト的超能力だけが、超人類ＳＦのテーマだったわけではありません。現存人類を上回る知性や徳性をこそ、超人類の特徴としてフィーチャーした作品も珍しくはありません。しかしながら娯楽作品としてのわかりやすさを追求するならば、超能力がクローズアップされたのは理解できないことではありません。

こうした「超人類」というテーマと、宇宙の歴史についてのスペキュレーションを交錯させる作品もまた、枚挙にいとまがありません。たとえばスペース・オペラの古典とされるＥ・Ｅ・スミスの「レンズマン」シリーズは、進化の果てに得た超能力によって宇宙の覇権を握った二大種族による代理戦争として銀河系の歴史を描きますが、そこで活躍する戦士たち――覇権種族によって進化の過程に介入され、選抜育成された有望種出身のエリート――もまた超テクノロジーのみならず超能力を駆使します（「レンズマン」の「レンズ」とはＩＤカード兼テレパシー通信機ですが、トップクラスのレンズマンや一部の種族はレンズなしでも超能力を発揮します）。

アシモフと並ぶビッグ3のひとりであるアーサー・C・クラークにもまた、こうした志向を容易に見て取ることができます。代表作たる『幼年期の終わり』、さらにスタンリー・キューブリックの映画『2001年宇宙の旅』の小説版に始まる連作には、進化の果てに生命が知性を、さらには霊性をも獲得して宇宙そのものと一体化していく、というテイヤール・ド・シャルダンふうのヴィジョンが色濃く出ています。日本においても小松左京の最盛期の作品には、そうした発想が濃厚にみられます。代表的長編のひとつ『果しなき流れの果に』の他、『神への長い道』などが宇宙における知性の進化と霊性との関係についての思弁を展開した代表作です。まんがにおいても石森（石ノ森）章太郎『リュウの道』を挙げることができましょう。

4 サイバーパンクからポストヒューマンへ

しかしながら今日「ポストヒューマン」と呼ばれている問題群は、そうした従来のオカルト的「超人類」とは一線を画しています。「超能力」という発想それ自体の非科学性だけが問題なのではありません。超能力のみならず、人間の知性や徳性を進化の「成果」とみなす、つまり進化というプロセスを目的論的な、より価値の高いものへの向上のプロセス、とみなすような発想、進化と進歩を混同する発想のあやまりに対して、二〇世紀末ともなれば、人びとが敏感になってきた、ということもあるでしょう。またSFの中で純然たる娯楽、エンターテインメントを追求する方向性と、ファンタジーにおけるそれとの境界があいまいになってきたという問題もあります。「科学的なリアリティ」などという言い訳を断ち切って、「魔法」「超常現象」と同類のものと割り切ってしまえば、「超能力」を純然たる娯楽、おとぎ話、寓話の素材として遠慮なく使うことができます。しかしながらファンタジーとは一線を画した本格的なSFとして、純然たる娯楽のためではなく、またシリアスな文学だとしても、現実世界の問題についてのたんなるアレゴリーとしてではなく、現実に起こりうる問題としての「超人類」について考えるためのヒントとして、超人類SFを書こうというのであれば、あからさまに物理法則から逸脱した「超能力」はおろか、テイヤール・ド・シャルダンふうの進化と進歩の混同もまた許されなくなります。現代のポストヒューマンSFにおいて、物理法則を逸脱した超心理現象としての「超能力」がもはやほとんど主題とはならないのは、以上のような事情も関係していると思われます。

現代のポストヒューマンSFにおいては、進化と進歩の区別がなされたうえで、生物学的進化と、文化的・社会的・技術的進化とが構造的に同型、かつ実体的にも連続した現象として捉えられています。正確に言えば、このような進化理解は、創作としてのSFに限ったものではない。というより、ポストヒューマニティという発想自体が、SFに限られたものではなく、「ドーキンス革命」とでも言うべき科学革命のインパクトを受けた科学的・技術的潮流であり、その中にはアカデミックな科学研究からカルト的な文化運動まで含まれており、ポストヒューマンSFはその一環をなすに過ぎないとも言えます。

そこでは、自然な進化の中での生物世界の多様性とともに、というよりそれ以上に、人為的な技術による人間ならびに人間以外の生物、生態系の改造の可能性が語られる一方で、生命現象を本質的に情報―計算過程と見なすリチャード・ドーキンス『利己的な遺伝子』以降の生命観の転回を承けて、従来「ロボット」として「超人類」とは別カテゴリーに入れられていた問題群が、あわせて語られるようになったのです。すなわち、生物は「自然発生した自律型ロボット」として、逆に(自律型)ロボットは「人為的につくられた擬似生物」として、存在論的に連続したものとして捉えられるようになったのです。のみならず、「心」もまた、生物―ロボ

リチャード・ドーキンス
『利己的な遺伝子』
(1976年)初版本

ットを動かすソフトウェアの一種として理解され、そのソフトを物理的な実体としての生物―ロボットに実装する前に、あるいはそもそも実装せずにシミュレーションとしてのみ動かす、というアイディアとして、古くからある「人工知能」の概念も更新され、その副産物として「人工生命」なる概念が生じます。さらにまた、この生命シミュレーションが機能するためには、当然それを取り巻く「環境」「世界」のシミュレーションも必要となります。この「世界」シミュレーション＝サイバースペース（電脳空間）を、生身の人間がデバイスを介して体験する、というのがいわゆる「ヴァーチャル・リアリティ」です。

これら「ポストヒューマン」の問題群は、科学のレベルではドーキンス革命、より広く言えば認知革命を背景として発展してきたものですが、創作の世界においてみるならば、八〇年代のいわゆる「サイバーパンク・ムーヴメント」においてほぼその原型ができあがっていると言えます。その代表的な作品を見てみますと、たとえばブルース・スターリング『スキズマトリックス』では、宇宙に進出した人類が遺伝子工学とサイボーグ技術を用いて自らを変容させていく様を描き出し、ウィリアム・ギブスン『ニューロマンサー』では、ヴァーチャル・リアリティ世界での生活が現実の物理生活と同等かそれ以上の意義を持つようになってしまった人びとが描かれました。さらにグレッグ・ベア『ブラッド・ミュージック』では、遺伝子操作の結果誕生した知性を持つ細菌が、地球上すべての生物を取り込んで一個の巨大なコンピューターと化し、内部で延々と――ひとりひとりの人間の意識をも含めた――世界シミュレーションを反復するようになります。これらの作品群の背後には、ドーキンスによる生命＝情報観やそれを受けたダニエル・デネットの「神経系上のヴァーチャル・マシーンとしての意識」論、そしてそれを取り巻くいわゆる「認知革命」が着想源として存在します。先述のイーガンの作品もまさしくこうした流れの上に位置づけることができます。

こうした「サイバーパンク・ムーヴメント」に少しく先行した流れとしては、七〇年代のジョン・ヴァーリイによる「八世界」連作もまた忘れ難い印象を残します。ヴァーリイの描く未来世界では、正体不明の侵略者によって地球を追われた人類は、太陽系近傍を通過する謎のレーザー通信「へびつかい座ホットライン」を解読して得られた超テクノロジーをもとに、「八世界」すなわち水星、金星、月、火星、土星の衛星タイタン、天王星の衛星オベロン、海王星の衛星トリトン、冥王星のドーム都市を拠点として、サイボーグ手術や遺伝子改良などの処置を自らに施して苛酷な環境に適応し、生きのびていきます。人体改造がごく普通になる、というその設定は、七〇年代においては非常に先駆的なものでした。

しかしながらヴァーリイの「八世界」においては、性転換やクローン、人工臓器がどれほど多用され、人体が改造されようと、ヒトの遺伝子それ自体に対する直接的な操作に対しては強烈な禁忌が課せられていました。改造によっていかに怪物的な身体に変容しようと、それは機械の人体への接続や、せいぜい臓器、細胞レベルの改造にとどまり、ヒトのＤＮＡそのものの改変は堅く禁じられる世界が描かれていました。しかしながら「サイバーパンク」以降、こうした禁忌はやすやすと踏み越えられました。イーガンの作品において明確ですが、自然な人間と遺伝子レベルでの改造人間との差異どころか、人間とロボット、さらにはソフトウェアとの間の差異でさえ些末（さまつ）なことに過ぎない世界へと、現代ＳＦは到達してしまったのです。

日本においてももちろん、こうしたサイバーパンク、ポストヒューマンの問題意識を踏まえたＳＦは多数書かれています。とくにわかりやすいのはハリウッドでも映画化された士郎正宗のまんが『攻殻機動隊』、そしてやはりハリウッドで映画化された木城ゆきとのまんが『銃夢』連作でしょう。

５「異様なるもの」の可能性

そのような展開の中で、宇宙を舞台にしたＳＦにおけるかつての最重要テーマであった異星人、地球外知的生命との接触、交渉という主題系も、昔に比べるとやや存在感を減じているように思われます。

かつてのスペース・オペラにおいては、知的生命でいっぱいの宇宙は、そのまままたくさんの民族、たくさんの国家が相争う地球の人類社会のメタファーであり、異星人との接触という主題は、超人類やロボット同様、人種・民族問題の寓話でした。この伝統はそれなりに豊かな成果を生んでいます。このような観点からみると、たとえばミリタリーSFの古典ジョー・ホールドマン『終りなき戦い』や、オースン・スコット・カードの『エンダーのゲーム』に始まる連作、さらに近年ではジョン・スコルジーの『老人と宇宙（そら）』シリーズが興味深いと言えましょう。古典的なスペース・オペラと現代のミリタリーSFとの関係は、古典的

士郎正宗『攻殻機動隊』（1991年）

木城ゆきと『銃夢』（1991-95年）

な冒険小説と、先述のフォーサイス、クランシー以後の国際政治スリラーの関係に似ており、背景となる未来社会、星間文明における国家と戦争、軍隊と社会についての厚みのある描写、架空世界の作りこみが近年の特徴ですが、上述の作品群はその中でもあえて異星人との接触と紛争、という課題に焦点を絞り込み、戦争と政治、帝国主義と抵抗、異文化間の相互理解、といったリアルなテーマについての寓話になりえています。

しかしながら、そのようなたんなるメタファー・寓話の域を超え、われわれ人間の知る地球とは異質な世界における異質な生命、知性についての生真面目な思考実験に挑み、そこから逆に「そもそも知性とは、人間とは何か？」という哲学的主題へと挑戦するシリアスな作品群も、二〇世紀後半のSFの中には存在していました。なかでもポーランドのスタニスワフ・レムや、旧ソ連＝ロシアのストルガツキー兄弟の作品は、アンドレイ・タルコフスキーによる映画化（レムの『ソラリス』、ストルガツキー兄弟の『ストーカー』）のおかげもあって、世界的に読まれ、尊崇を集めました。人間の理解を拒絶する異星生物とそのテクノロジーを前にした人間の惑乱を描いたこれらの作品を、タルコフスキーは、そのような絶対的他者を鏡としての、人間の内面への沈潜として描くきらいがありましたが、原作小説は必ずしもそのような枠に収まるものではありません。

ここで非常に興味深いのは、レムによるストルガツキー『ストーカー』への批評です。この批評は作品の周到な読解を通して、その舞台、異星人の落とし物により汚染された領域、〈ゾーン〉の成立に対して、作中人物によって与えられた説明を批判し、より筋道の通った別の仮説を提示しようとします。作中では〈ゾーン〉成立の事情はほとんど不明であり、〈ゾーン〉研究随一の権威であるワレンチン・ピルマンは、〈ゾーン〉をもたらした異星からの来訪者の意図はまったく不明で理解不能だと考えたほうがよい、といいます。異星人が異質な存在である以上、その行動論理を人間に理解できる保証はない、と。『ストーカー』の原題『路傍のピクニック』が示す通り、来訪者はひょっとしたら地球人類のことなど眼中になく、行儀の悪いハイカーのように、ただゴミを落としていっただけなのかもしれない、とまでピルマンは言います。異星人の理解不能性、神秘性を強調するこの（作中人物たるピルマンの？ あるいは作者自身の？）解釈に対して、しかしレムは、あくまで作中の記述に即して、まったく穏便な解釈を提示します。異星人の意図は基本的には理解可能で、〈ゾーン〉が地球にもたらした混乱は、いわば不幸な事故の結果に過ぎない、と。

ここでレムが示している姿勢は、仮に生真面目な悪ふざけではないとしたら、ストルガツキー兄弟の『ストーカー』の主題を、ただたんに（神のごとく？）理解不能な神秘を前にし

ストルガツキー兄弟の『ストーカー』をアンドレイ・タルコフスキー監督が映画化（1979年）

た人間の惑乱を描くことにではなく、人間が現実に出会うことになるかもしれない、理解不能な神秘（に見えるもの）の可能性について真面目に考えようとすること、つまり（タルコフスキーのように？）異星人という鏡に映った人間だけではなく、異星人そのものでもある、と考えたうえで、それに真面目につきあう、ということとして解釈する、というものです。その上で「じつはよく考えれば、異星人は「理解不能な神秘」などではないかもしれない」と批判しているのです。

レムとストルガツキーは、これらの他にも異星人との接触をテーマにしたいくつもの作品を書いており、そこで「異質な他者との出会い」について丹念に追い続けてきました。しかし二〇世紀末以降は、こうした異星人というモチーフは、娯楽作品としてのスペース・オペラにおける「お約束」として登場する場合を除けば、SFにおける存在感を以前に比べたときに減じています（その中ではたとえば我が国の野尻抱介『太陽の簒奪者』は貴重な例外です）。なぜでしょうか？　もちろん、先述したように現実のＳＥＴＩが、すでに長い歴史を有しながらも、いうに足る成果を依然としてあげていないこと、それを踏まえつつ今日の宇宙論が、宇宙における知的生命の希少性のほうにむしろコミットしつつあることは、確実にこの傾向に対して影響しているでしょう。しかしそれだけではないと思われます。

おそらくは、ファンタジーと一線を画したシリアスなＳＦにおける、人間とは異質な「他者」としての役割を、異星人に担ってもらう必要がなくなってきた、ということもまた重要です。すなわち、われわれ人類の文明が、その存続の間に宇宙の他の天体出身の生命、知性、文明と出会う可能性は、従来考えられていたよりも低いことがわかってきた一方で、われわれ人類の文明が今後とも続き、生きのびて宇宙空間に進出していくのであれば、その中でわれわれ現在の人類の広い意味での子孫、後継者たち（その中にはロボット、ボットも含まれる）は、文化的にのみならず、心理的、生物学的、あるいはそれこそ哲学的にも、現在のわれわれとはきわめて異質な（すなわち、ポストヒューマンな）存在へと変容していくだろうこともまた、わかってきたからです。人類が宇宙に進出したとき、そこで異星人（エイリアン）に出会うことができるかどうかはさだかではない。しかしながら、成功裏に宇宙に進出しえた時、その人類（の末裔）は、われわれ現存の人類にとっては、まさしく異質な存在（エイリアン）になっているはずなのです。ポストヒューマンSFの展開は、それを示しています。

考えてみれば、従来の宇宙SFにおいて「超光速」という設定がしばしば採用されてきた理由は、宇宙空間を現在の、生身の人間にとって横断可能とし、生身の人間を主体とする恒星間文明社会を可能とさせるための便法であったのです。「異星人で一杯の宇宙」という設定もまた、宇宙空間がたんなる観測や、せいぜい心なきロボットによる探査にとどまらず、実際に生身の人間がそこに足を運ぶに足る――自分と同じく「心ある者」に出会いうる空間であるためのものでした。二〇世紀後半以降の現実の科学の発展は、そうした想像力の余地をどんどん掘り崩していきました。しかしながらその代わり、別種の「異様なるもの」の可能性がわれわれの眼前には立ち現れつつある――宇宙SFの発展と変容の歴史は、そうした示唆を与えてくれるように思われます。

たとえば、光速度の限界が決して破れないと仮定したうえで、その制約の下で恒星間文明が発展していくとしたら、それははたしてどのようなものになるでしょうか？　そのようなものが仮に実現したとすれば、それはこれまでSFに散々描かれてきた、超光速によって成立する星間文明よりも、はるかに異様なものにならざるを得ないでしょう。超光速によって成り立つ、SFのなかの恒星間文明は、せいぜいのところ現実の地球のグローバル社会の単純なスケールアップにしか過ぎません。それは人間サイズに切り縮められた宇宙です。しかしながら、輸送どころか通信さえも、現在の人間の寿命を上回りかねない時間がかかる距離によって隔てられた文明同士が構築するネットワークは、果たしてどのようなものになるでしょうか？　あるいは、それほどの膨大な時間を通じて一貫したプロジェクトを追求できる文明とは、はたしてどのようなものなのでしょうか？　そのような文明は、人間の寿命を延長することによって支えられるのでしょうか、それとも、短命な人間ではなく、それこそAIなどの主導でそうした事業は進められることになるのでしょうか？——これらの問題は、いずれも非常にチャレンジングですが、まさしくポストヒューマン的な課題であると言えましょう（イーガンのいくつかの作品は、このような世界を描いています）。

あらためてまとめるならば、宇宙SFを衰退、とは言わないまでも変容させたのは、第一に、人間が人間のままで宇宙に進出することはできそうになく、第二に、宇宙に出かけて行ったところで他者に出会うことはありそうにない、という二つの気づきでした。この気づきを経て変容した二〇世紀末以降の宇宙ＳＦは、従来の人間の枠から逸脱したものへと変容することによって宇宙へと進出する人類、宇宙という外界で他者に出会うのではなく、自らが異質な他者へと変貌する人類を描くようになっていくのです。それはいわゆるポストヒューマンのヴィジョンと重なり合うものです。

そのように考えるならば、二〇世紀後半から現代にいたる宇宙ＳＦの展開が宇宙倫理学にとって持つ含意としてもっとも明確なものは、もし仮に本格的な宇宙進出、地球の外に生活基盤を求めて人類が宇宙進出をしていくならば、人類、人間のアイデンティティそれ自体が揺るがされざるを得ない、ということです。宇宙を生活の場とし、そこにコミュニティを確立し、世代交代を経て存続していこうとするならば、生物学的・遺伝子工学的なヒューマン・エンハンスメントを通じてであれ、あるいはロボット・人工知能機械に人間の精神、知識や文化を移植する、人間が生物学的身体から機械的身体へと乗り換えるという形においてであれ、現在のわれわれとは異質な他者へと変貌していかざるを得ないでしょう。はたして人類の宇宙進出とは、そこまでのコストとリスクを負ってでもなされねばならない事業なのか、という問題がまずは問われてしかるべきでしょうし、また仮にそれを可能とさせるような条件があるとしたら、どのようなものだろうか、が問われねばなりません。またそのような問いは当然のことながら、生命倫理学やＡＩ・ロボット倫理学のそれと交叉(こうさ)せずにはいないのです。

第4章

ロボット物語——アシモフの世界から（1）

『鋼鉄都市』（1954年）初版本

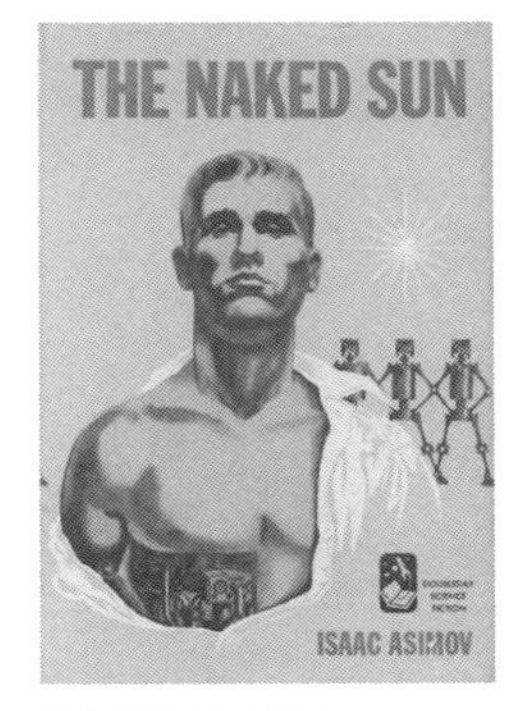

『はだかの太陽』（1957年）初版本

1 アシモフ再訪

その上でわれわれはアシモフに立ち戻り、あらためて問いましょう。彼の宇宙SFは、宇宙倫理学にとってどのような意味をもつのか？

すでに見たように、アシモフのロボットSFの中には、今日のロボット・人工知能倫理学を先取りするようなモチーフをいくつも発見できます。では宇宙倫理学にとってはどうでしょうか？

晩年においてもロボット物語、ベイリとダニールのサーガに統合された銀河帝国の物語のライトモチーフは、あくまでも人間とロボットとの関係であり、そこでは宇宙という舞台は、相変わらず書割以上のものではないようにも見えます。そもそもそこで描かれる銀河は、二〇世紀半ばまでは当たり前でしたが、二一世紀現代ともなれば、本格派のSFにおいてはむしろ時代遅れと感じられさえする、「超光速」という設定によって、生身の人間にとって横断可能な範囲に縮められた宇宙です。先述の通り、現代のSFにおける星間文明は、イーガンやバクスターの作品にみられるように、光速度という絶対の壁を前に、一万年単位の時間をかけた交通・通信によって統合され、一億年単位の、人間にとっては悠久の時間を超えて存続するような、かつての超光速に立脚した世界よりもはるかに異様な世界として描かれています。それに比べてアシモフの宇宙は、晩年に至ってもなお古き良きSFの色彩を色濃くとどめた、人間サイズの宇宙です。

しかしながらよく読んでみるならば、アシモフの銀河帝国にも十分な不穏さが隠されています。そのような不穏さが伏線としてリサイクルできたからこそ、晩年における統合が可能となったと言えます。それを初期にまでさかのぼって、今一度細かく確認していかねばなりません。

まずは、のちに銀河帝国前史として位置づけなおされることになったロボット物語、ベイリとダニールのサーガの前半二部作を、今一度つまびらかに見てみましょう。スーザン・キャルヴィンのエピソード群とは異なり、そこでは超光速（超空間）航行・通信に支えられた恒星間文明が描かれています。ファウンデーション・サーガを中心とした銀河帝国物語で描かれたそれとの違いは、第一に後者には（晩年におけるロボット物語との統合以前には）ロボットが登場しないこと、第二に前者は現代すなわち二〇世紀前後からみるとせいぜい一〇〇〇〇年程度の未来を舞台にし、植民惑星よりも地球が主要舞台であるのに対して、後者は一万年から二万年程度の未来を舞台にしており、かつ、地球の存在は忘れられていること、です。

『夜明けのロボット』
(1983年) 初版本

『ロボットと帝国』
(1985年) 初版本

後者における地球の扱いはなかなか微妙なのですが、銀河帝国初期、帝国の確立期(作品としては『宇宙気流』『宇宙の小石』など)においては、地球は辺境の放射能まみれの惑星として軽視されていても、その存在自体は忘れられていません。しかしながら地球が人類発祥の地であるという歴史は完全に忘却され、地球人だけが固執する神話とされてしまっています。そしてファウンデーション・サーガの時代である帝国末期から崩壊期においては、地球の存在自体がほぼ完全に忘れ去られているのです。

そこでアシモフがロボット物語と銀河帝国をつなぐためにしなければならないことは、少なくとも、「なぜ地球は忘れ去られたのか?」、そしてもちろん「なぜロボットはいなくなった(使われなくなった)のか?」という二つの問題に対して、適切な回答を与えること、であり、その回答は一応後期二部作によって与えられるのですが、ここではまず前期二部作の世界構造をはっきりさせるところから始めましょう。

2　ベイリとダニール――前期二部作

ベイリとダニールの物語の時代は、ロボットの開発と、超空間航法による人類の宇宙進出からすでに数百年程度の時間がたち、数十に上る系外惑星国家群、宇宙国家連合が形成されています。それらはいずれも地球型惑星で、わずかな環境改造（今日ふうに言えばテラフォーミング）ですぐさま人類が移住できるようなところで、先住知的生命もいません。さらにこれらの宇宙国家は、いずれも高度にロボット化された社会であり、その多くでは人間の人口を上回る数の人間型ロボットが活動しています。この傾向がもっとも極端なのは惑星ソラリアであり、そこには惑星全体で二万人の人間に対しロボットが二億人おり、人間は普段は一人ひとり孤立して、ロボットにかしずかれて生活しており、人間同士で直接対面することもありません。性生活はごく限定的であり、子どもも人工子宮から生まれ、ロボットによって養育されます。

それに対して地球では、ロボットはごく限定的にしか働いていません。その運用のほとんどは農場や工場等の生産拠点においてであり、人びとの日常生活からは排除されています。人びとの間には、自分たちの雇用を奪うものとしてのロボットに対する確固たる反感が、根強く定着しています。しかも地球上の八〇億の人びとは全員「鋼鉄都市」、全域が地下化した都市に暮らしており、地上に出ることはありません。市民生活は、地球の収容能力ギリギリの人口を支えるため、非常に強力な統制経済、配給制の下にあり、生存の不安はありませんが、経済的自由は強く制約されています。

そして地球と宇宙国家群との力関係は、大きく後者に傾いています。人口は前者の八〇億に対して後者は総計しても五五億とややアンバランスですが、科学技術の水準と経済的生産力、軍事力では地球を圧倒しています。そして物語の時代には、地球は宇宙国家連合による事実上の占領下にあるとさえ言ってよい状況です。

一見大きなコントラストをなす地球と宇宙国家ですが、宇宙国家の一部にはこの現状への大きな憂慮があり、ある観点からすれば地球と宇宙国家は同型の行き詰まり状況の中に入り込んでいる、とされます。地球人は閉鎖環境の都市国家に立てこもる一方で、一見広い宇宙に展開する宇宙国家においても、市民たちは停滞気味の生活を送っています。多数のロボットにかしずかれた安楽な生活と、数百年に延長された寿命は、宇宙市民（スペーサー）を極端に保守的に、リスク回避的にしてしまいました。その方向性がもっとも極端なソラリアは、まさに地球の鋼鉄都市と両極端の果てに一致したかのような――いやそれ以上の閉鎖環境を作り上げています。ロボットに管理された広大な領地を保有して惑星中に散在するソラリア市民は、それぞれに広大な個室に引きこもっているようなものです。

そのような状況下で一部のスペーサーは、この停滞を打開し、人類のさらなる宇宙進出を促すべく、地球へのはたらきかけを開始します。狭い鋼鉄都市に逼塞（ひっそく）する地球人は、しかし寿命も短く、古い世代の冒険心も失ってはおらず、それゆえにこの閉塞状況にフラストレーションを溜（た）めているはずです。そこで停滞している宇宙進出の復興の担い手を、現状に不満を抱える地球人に求めよう、というのです。『鋼鉄都市』『はだかの太陽』の二部作は、宇宙国家によるこのような対地球工作の途上で起きた殺人事件、さらにはソラリアでの一見不可能な殺人事件の捜査に駆り出された地球人の刑事ベイリが、捜査を通じて地球と宇宙国家双方の行き詰まりを見つめ、宇宙植民を志すようになる様を描いています。

ではベイリの相棒となるロボット、ダニールのほうはどうでしょうか？　主導的宇宙国家オーロラの産で、宇宙植民復興のために地球の協力を求める改革派によって派遣され、ベイリにパートナーとして押し付けられたダニールは、この二部作ではいかにも受動的で控えめであり、ひらめきのかけらも見せません。それはあたかも、人間ベイリのひらめき、直観力、柔軟性を際立たせるかのごとくであり、初期短編のいくつかでのロボットたちの、たとえ故障や偶然のためとはいえ、しばしば見せる野性的な飛躍と比べたとき、あまりにも型にはまりすぎています。ただしベイリとの行動を経て、ダニールがその経験をもとに学習し、変容しているかのような描写が、抑制気味ながらなされていることは否定できません。

ここには非常に乱暴に言えば、二つの対立構造があり、しかしそのいずれにおいても、その対立する二項は、潜在的な同質性を共有したものとして描かれています。地球と宇宙国家連合は、一方は狭い一惑星にこもり、他方は広い宇宙に展開しながらも、地球は鋼鉄都市、宇宙国家はロボットという防護壁に囲まれて、逼塞しています。人間ベイリとロボットのダニールは、一方は感情的で混乱しつつも、優れた直観によって未来を切り開き、他方は完璧で過ちを犯すことはありませんが、飛躍もできません。しかし実際には、どちらも異なる世界に旅し、他者と出会うことを通じて学び、変容する存在でもあります。この学習を通じての変容、成長可能性への楽観的信頼が、前期二部作を支配するトーンです。

3　ベイリとダニール——後期二部作

これに対して四半世紀を隔てて書かれた、ロボット物語と銀河帝国史をブリッジする後期二部作『夜明けのロボット』『ロボットと帝国』においては、様相はやや変わってきます。『夜明け』においてベイリは本格的に地球人による宇宙再進出のリーダーとなっていますが、オーロラ内部での改革派と守旧派の派閥抗争に巻き込まれます。改革派は地球人とスペーサーとの平等を主張し、ロボットなしでの、人間主体での宇宙進出を支持する派閥ですが、他方守旧派は従来のスペーサーのライフスタイルを崩さず、ロボットを前面に押し立てての宇宙開発を主張します。さらに守旧派の中には、根深い地球人への差別意識が残っています（付言しますと、宇宙国家の植民惑星には、先住知的生命がまったくいなかったのみならず、地球ほどの複雑で豊かな生態系も存在しなかったうえに、植民者たちが徹底的な検疫を行った結果、スペーサーたちは地球産の病原菌やウィルスに対してほとんど無防備となっています）。

今回ベイリは派閥抗争の途上で起こったロボット「殺害」事件の捜査を委任される羽目になりますが、事件の解決をうやむやにしつつ、政治的な寝技を駆使して事態を収拾し（じつは『鋼鉄都市』『はだかの太陽』でも似たり寄ったりですが）、改革派の勝利に貢献します。しかしながらベイリは抗争の外側で事件の真相に到達します。そこでベイリが出会ったのは、かつてスーザン・キャルヴィンが出会ったハービーと同様の、いやもっと強力な読心能力と精神操作能力を備えたロボット、ジスカルドでした（ここでアシモフは「超能力」という危ない橋を渡っているとみる向きもあるでしょう。ただ、ハービーやジスカルドのこの能力は「超能力」とはいえ物理法則を逸脱するものではなく、人間の脳波や、ロボットの人工頭脳からもれ出る電磁波などを基盤としたものと想定されているようです。もっともこれものちに見るように、ファウンデーション後期シリーズでは怪しくなるのですが……）。ジスカルドは独自の判断で改革派の宇宙進出プランを支持し、その実現のために人びとの心を操っていたのです。

　そして続編『ロボットと帝国』ではこのジスカルドとダニールが実質的な主人公となります。『夜明け』の時代から一〇〇年以上が過ぎ、短命の地球人であるベイリはすでに世を去っています。ベイリの提唱した地球人による宇宙進出は確固たる流れとして定着し、この短命の宇宙開拓者たちは「セツラー」と呼ばれてスペーサーと対峙する新興勢力となっています。しかしながらベイリによって打ち負かされた守旧派のスペーサーも長命ゆえ生き残っており、亡きベイリへの復讐、地球人とセツラーの打倒を虎視眈々と狙っていました。そしてジスカルドとダニールは独自に、守旧派の野望を打ち砕くべく探索を開始する――というのが大まかなプロットです。

　この探索の途上でしかしジスカルドとダニールは、自分たちのやっていることの意義について自問自答をくりかえします。すなわち、彼らの行動に対しては「三原則」が根本的な制約として課せられているのですが、現実の行動の局面に際しては、どのような判断を下すことがもっとも適切か、を「三原則」は必ずしも提示してはくれず、逆にしばしば問題を複雑化させます。そもそもロボットは「三原則」というプログラムに従って動く自動機械ではありません。「三原則」だけでは単純すぎて、具体的な行動指針にはならないのです。実際にはロボットたちも自由意志を持ち、独自の判断に基づいて行動する、独立の意思決定主体です。ただロボットたちの自由意志、自由な行動には、人間とは異なり「三原則」というセーフガードがかかっており、それとあからさまに違背する行動をとると、回復不能のシステムダウンが起きる——死ぬ、というところがポイントです。しかしこの「三原則」がロボットの意思決定に対して制約をかけるありようも、アシモフの描写に従えば相当に厄介です。結局のところロボットは、自力で「三原則」を解釈しなければならないのです。

この自問自答、ジスカルドとダニールの対話の中で、すでにみたように「第零法則 Zeroth Law」の着想が得られるのですが、興味深いことはこの着想に際して、すでにジスカルドとダニールは、その発想に潜む危うさに十分に自覚的であることです。

今更ですが、「ロボット工学の三原則」を確認しておきましょう。

第一条　ロボットは人間に危害を加えてはならない。また、その危険を看過することによって、人間に危害を及ぼしてはならない。
第二条　ロボットは人間にあたえられた命令に服従しなければならない。ただし、あたえられた命令が、第一条に反する場合は、この限りではない。
第三条　ロボットは、前掲第一条および第二条に反するおそれのないかぎり、自己をまもらなければならない。

すでにみたように問題はこの「人間」の意味です。念のために英語で確認しておくと、

First Law - A robot may not injure a human being, or, through inaction, allow a human being to come to harm.
Second Law - A robot must obey the orders given it by human beings except where such orders would conflict with the First Law.
Third Law - A robot must protect its own existence as long as such protection

does not conflict with the First or Second Laws.

であり、主語たる「ロボット」も、目的語にあたる「人間」も、それぞれ単数形で“a robot”、“a human being”となっていることに注意しなければなりません。つまり「三原則」でいうところの「人間」とは、まずもって具体的な個人のことなのです。

それゆえに当然、複数の人びとの生命、安全が危機にさらされるような状況下では、人の命の間に優先順位をつける選択を強いられたりするわけで、これはロボットに非常に強いストレスを強います。しかしジスカルドとダニールが問題としているのは、先にも述べたようにもう少し踏み込んだ課題です。すなわち、ジスカルドのように人類社会全体の命運をその課題としたロボットにとっては、個人間での生命の優先順位のみならず、人類社会全体の利益、安全と、個人の利益、安全、生命との優先順位についても、独自の判断を下す必要が生じるのです。

4 「第零法則」

しかし問題は、そもそも人類とは何か？　です。かなり長くなりますが、『ロボットと帝国』から引用しましょう。

ダニールは言った。「第一条より偉大な原則があるのです。ロボットは人類に危害を加えてはならない。またその危険を看過することによって人類に危害を及ぼしてはならない。（A robot may not harm humanity, or, by inaction, allow humanity to come to harm.）わたしはこれをロボット工学第零法則と考えます。したがって第一条はこうなります。〝ロボットは人間に危害を加えてはならない。またその危険を看過することによって人間に危害を及ぼしてはならない。ただしロボット工学第零法則に反する場合はこの限りではない〟」

ヴァジリアはうなり声をあげた。「まだ両足で立っていられるの、ロボット？」

「まだ両足で立っています、マダム」

「じゃあ、あることを説明してあげよう、ロボット。この説明を聞いたら、おまえは生きていられるかどうか。個々の人問、個々のロボットを指し示すことはできる。でもおまえのいう〈人類 humanity〉は抽象概念にすぎない。〈人類〉を指さすことができるの？　ある特定の人間に危害を加えたり、加えそこなったりすることはできる、そして加えられた危害、ないしは加えられなかった危害を察知することもできる。人類に加えられた危害を、おまえの目で見ることができるの？　それを察知できるの？　そして指で示すことができるというの？」

ダニールは黙っている。

ヴァジリアはにこやかに笑った。「答えなさい、ロボット。人類に対する危害をその目で見ることができるのか、それを指さすことができるのか？」

「いいえ、マダム、できません。しかしそれでもそうした危害は存在するのです、ごらんのようにわたしはまだ両足で立っています」

「じゃあジスカルドにお訊き、彼はおまえの言うところのロボット工学第零法則に従うつもりがあるか——従うことができるか」

ダニールの頭がジスカルドのほうをむいた。「フレンド・ジスカルド？」

ゆっくりとジスカルドは言った。「わたしは第零法則を容認できない、フレンド・ダニール。きみも知ってのとおり、わたしは人間の歴史を広く読んできた。その中に人間たちが相争って犯した大きな犯罪をいくつも発見した。そしてそれらの犯罪は常に、種族のため、国のため、人類のためという大義名分によって正当化されてきた。それは人類というものが抽象概念であるために、どんなものでも正当化するための口実に自由に使われてきたというにほかならない、したがってきみの第零法則は妥当ではない」

ダニールは言った。「しかしだ、フレンド・ジスカルド、人類に対する危険が現に存在するという事実、そしてその危険は、もしきみがマダム・ヴァジリアの所有物となれば、確実に現実となる。少なくともそれは抽象概念ではない」

ジスカルドは言った。「きみが指摘する危険は、既知のものではなく、推論にすぎない。第三条を無視し、そのような推論をわれわれの行動の基盤とすることはできない」

ダニールは黙りこんでいたが、やがてさらに低い声で言った。「しかしきみは人間の歴史を学ぶことによって人間の行動を支配する法則を引き出せたらと思うだろう。人間の歴史を予言し導くことを学びたいと思うだろう――あるいは少なくともその端緒を聞いて、そしてだれかがいつの日か予言し、導いてくれるようにと願うだろう。その方法をきみは〝心理歴史学〟と呼ぶかもしれない。そうすることによって、きみは人類のタピストリーとかかわりをもつことにはならないだろうか？　きみは、個々の人間の集まりを動かすのではなく、全体としての人類を動かそうというのではないか？」

「そうだよ、フレンド・ダニール、しかしそれは、まだ願望にすぎない、自分の行動の基盤をたんなる願望におくことはできない、あるいは願望に従って第三条を修正することもできない」

（アシモフ『ロボットと帝国』三二八―三二九ページ）

ここでジスカルドとダニールは、われわれもよく知っているはずの二〇世紀史の教訓を十分に踏まえて議論しており、ジスカルドの「第零法則」に対する否定はもっともであるように思われます。のみならず物語の中でも、この対話の時点までにジスカルドとダニールは、ソラリアから人間の姿が消え、残ったロボットたちは「人間イコールソラリア人」と教え込まれたため、第一条にもかかわらず（ソラリア人以外の）人間を殺傷することができるようになっているのを見てきているのです。さらに物語の最終局面、彼らと守旧派のボス、アマディロとの対決において、アマディロが「『三原則』の言う「人間」とはスペーサー、なかんずくオーロラ人のことであり、地球人は「人間」には当たらない」と主張するのに出会うのです。

が、少しばかり細かくみていきましょう。

ここで人間ヴァジリア（改革派のリーダーでジスカルドの開発者たるファストルフの娘で、自身は守旧派）は、「人類」は抽象概念であって、これとして指示できるようなものとしては存在しない、という意味の「第零法則」批判を行い、ジスカルドもその批判を容認しているように見えます。そしてありもしない「人類」の名のもとに、こちらのほうは厳然として存在している具体的な個人が危険にさらされることを拒否しています。しかしながらここで考えなければならないのは、何も「それを指さすことができる」ようなものだけが存在者の名に値するというわけではない、ということです。

ヴァジリアやジスカルドが念頭に置いている仮定は「具体的な個人はたしかに存在しているが、「人類」という概念は、そうした個人たちの集合に対して貼られたラベルにすぎず、そして個人たちの集合というものは、客観的実在でもなんでもない」というものでしょう。あるいは、存在しているものは具体的な実在だけであって、抽象的なものは「概念」「観念」あるいは「名前」以上のものではなく、実在してはいない、と。

ただ、このような「指さすことができる具体的な個物のみが存在する」という考え方は、実際には狭すぎるということもよく知られています。たとえばこのような考え方によれば物の性質、質量だとか色だとかいったものもそれ自体としては存在しません。「赤いリンゴ」は存在しても「赤」そのものは存在しない、というわけです。さらには、ものとものとの間に成立する関係というものも、それ自体としては存在しない。先ほどの「ものの集合」が存在しないのも同様です（実際には「性質」や「関係」は一種の集合として定式化できます）。

5　個人としての人間と集合体としての人類

しかしこのような考え方もまた、われわれの常識とは相いれないでしょう。私たちはたとえば「物理法則が存在している」と普通に考えています。しかしそれは物理法則に従う、具体的なものが指示できるのと同じような形では、指示することはできません。あるいはたくさんの具体的な個人の集合が、ひとつの集合である理由は、ただたんに「観察者・命名者が好き勝手にある個体たちを集めたうえで、勝手にラベルを張ったからに過ぎない」と言ってよいのでしょうか？　それらの人びとをまとめ上げる性質の共有だとか、あるいはそれらの人びとの間の関係というものが、観察者・命名者がどう思うのかとは関係なしに、そこに客観的に実在している、ということはないのでしょうか？

あるいは、明確に物理的な実体を持っていながら、個体とは呼べないようなものをわれわれはよく知っているのではないでしょうか？　水や空気はたしかに実在していますが、一個一個指さすことはできません。もちろんここでも極論して、「厳密な意味で存在しているの

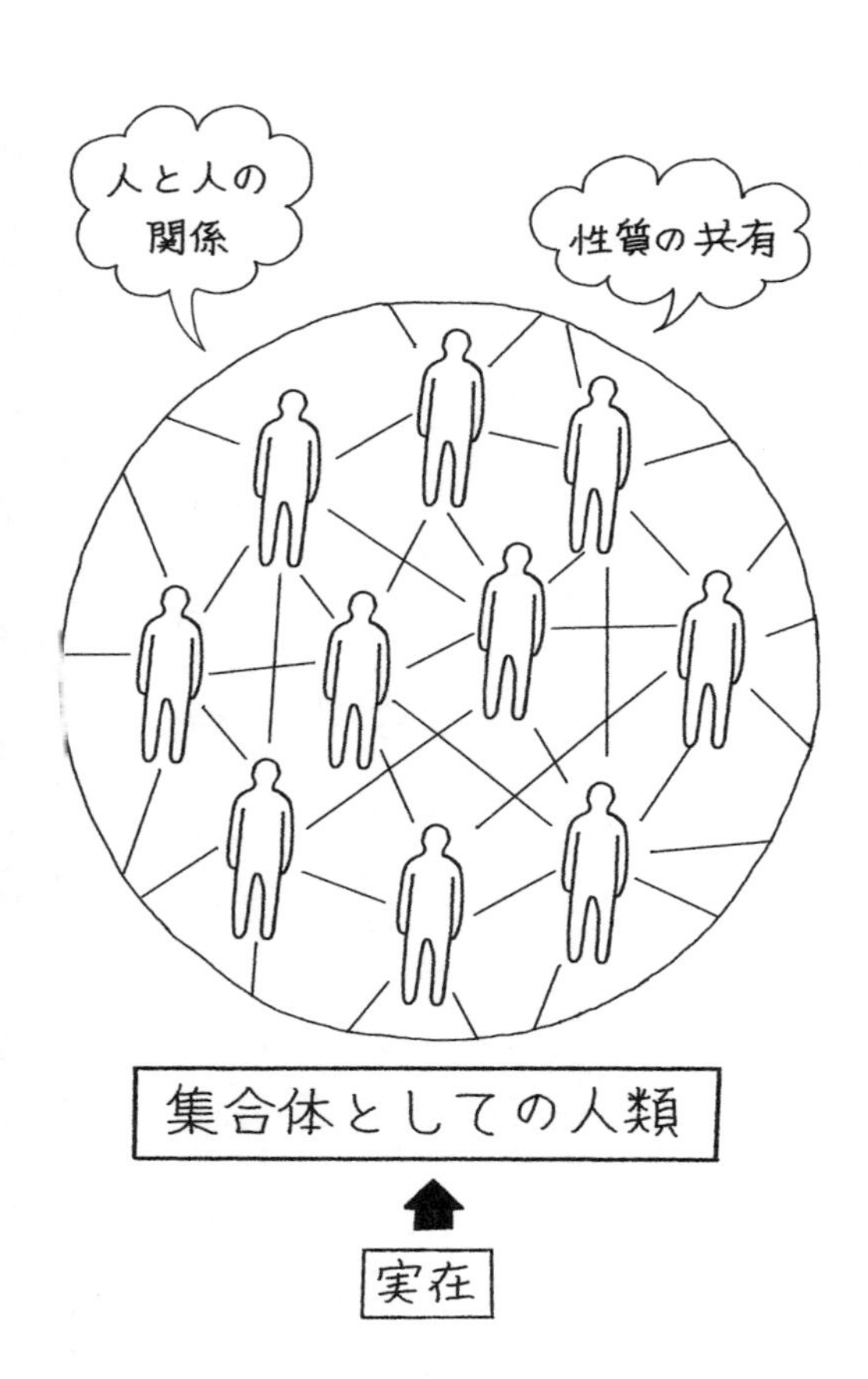
人と人の
関係
性質の共有
集合体としての人類
実在

は一個一個の水分子であって、いわゆる水なるものはその集合に過ぎない」といった議論で押し通すこともできるでしょう。しかしここで逆に、「一個一個の分子ではないところの集合体としての水や空気が存在している」と認めるならば、「個人の集合体としての人類もまた存在する」と言っても構わないことになりそうです。

となれば、ここでの会話において、ダニールが「人間の行動を支配する法則」という言葉遣いをしていることは非常に重要です。もし仮にこのような法則が実在する、存在するならば、それはまさに「人類」なるものが具体的に存在するということに他ならないからです。このような法則に従う個体が具体的な個人であり、その集合がいわゆる「人類」だということになります。それに対してジスカルドは「そのような法則なるものは存在しない」と言っているわけではありません。「そのような法則はまだ現時点では確実に知られてはいない」と言っているのです。「それは、まだ願望にすぎない」と。そう考えるならば、ヴァジリアの発言は「「人類」なるものは存在しない」と解釈することは可能ですが、ジスカルドの立場はそれとは違います。「「人類」なるものは存在するかもしれないが、われわれはその何たるかをいまだ確実には知っていない」といったところです。

そして結局のところジスカルドは、ダニールへの友情によって狂わされて（ダニールの生存を人間の生存と少なくとも同程度に優先するように判断するようになって）、守旧派の抵抗を排除していきますが、その際にヴァジリアをはじめ守旧派の人間に加えた精神操作のストレスは、彼を確実にむしばんでいきます。そして最後に、守旧派の首魁（しゅかい）アマディロが、亡きベイリへの復讐のために地球を放射能まみれにして地球人を全滅させようとするのを、強引な精神操作で食い止めたストレスに耐えることができず、最期の力で自分の読心・精神操作能力をダニールに伝授したのち、システムダウンを起こして機能停止――死亡します。彼は「第零法則」を、それを裏付ける「人間の行動を支配する法則」の実在を、たんに願望するにとどまらず信じていたと思われますが、同時に現時点での自分の知識は不完全であることを自認し、その「人間の行動を支配する法則」を――少なくとも、自分の行動を正当化できると言えるほどまで――知っていると言い切ることまではできませんでした。そのストレスが彼を死に追い込んだのです。

のちに見るように「心理歴史学」など、ロボット物語と銀河帝国をつなげるための伏線が多々あるのは当然として、前期二部作と比べたときに後期二部作を際立たせる特徴は、主人公が人間からロボットに移行していることです。どちらにおいても、人間主導の宇宙進出、宇宙開拓を通じての人間復興というモチーフは共通しながら、その担い手は、そしてそれがもたらす葛藤に苦しむのも、ロボットになってしまっています。

さらにこの展開を裏打ちしているのは、後期二部作のヒロインとなっているソラリア人グレディアの存在です。彼女は前期二部作の後編『はだかの太陽』で容疑者として登場するのですが、ソラリア人でありながらソラリアになじめず、セックスを含めてフェイス・トゥ・フェイスの人間関係を望みながら、それが満たされないままです。ただ五〇年代のアメリカSFの状況と当時の作家の力量が、とりわけセックスの問題をストレートに作中で取り扱うことを許しませんでした。しかし四半世紀を経て、アメリカ社会も、SFも、そして作家の力量も変化した状況の下で書かれた『夜明けのロボット』においてはこの主題がもっとストレートに取り扱われます。そこでオーロラに移住したグレディアは、人間とではなく、ダニールと同様の精巧な人間型ロボットと恋愛関係となり、性愛を伴ったパートナーシップ、夫婦関係に入ります。もちろん前期二部作から『夜明けのロボット』までを通じて、人間ベイリとロボットのダニールは友情を確実に深め、『ロボットと帝国』以降のダニールは、ベイリの遺訓としての「人間のタペストリー」を胸に悠久の歳月を生き続けるわけですが、ある意味でグレディアはそれ以上に強いきずなをロボットとの間に作り上げてしまうのです（このモチーフは、最晩年の『ファウンデーションへの序曲』『ファウンデーションの誕生』にまで持ち越されます。そこでは心理歴史学の創始者ハリ・セルダン護衛の密命を帯びた女性型ロボット、ドースが、自らの意志でセルダンの妻となります）。

「バイセンテニアル・マン」（1976年）のクリス・コロンバス監督による映画版のポスター（1999年）。邦題は『アンドリュー NDR114』

6　人間としてのロボット

こうした展開を準備したものとして、われわれは七〇年代、ＳＦ創作に復帰した時代のアシモフがものしたいくつかの短編に注目せねばなりません。

すでに述べたとおり、「第零法則」の先取りはすでに五〇年代の短編、スーザン・キャルヴィンものである「災厄のとき」における、まさにボストロム的なスーパーインテリジェンスの先取りとも言うべき「マシン」の描写において提示されていますが、注目すべきはこの七〇年代における二作、「心にかなう者」と「バイセンテニアル・マン」です。

前者の主人公、ジョージ・シリーズのロボットたちはＵＳロボット社の有能な発明ロボットとして、新機軸のロボットを開発し続けます。興味深いのはそれまでのＵＳロボット社の製品の多くがヒト型であったのに対して、ジョージたちは人間より小さな、極小の小動物、鳥、昆虫サイズを基本とする非ヒト型ロボットを主力商品とするように、USロボット社のラインを変えてしまいます。そして膨大なミニロボット、マイクロロボットによる人工生態系で、人間社会を包囲してしまいます。この戦略によってUSロボット社は、ついに長きにわたる人間のロボット恐怖、フランケンシュタイン・コンプレックスを克服して、ロボットを辺境から人間社会の中に持ち込むことに成功します。

しかしながらそのような戦略を展開したジョージたちには、独自の思惑がありました。彼らはその画期的な研究開発の背後で、膨大な学習と独自の思索を展開していきます。そうした彼らの思索は「三原則」そのものにも及び、はたしてそこでいう「人間」とは何かを互いに問い合う中で、ロボットもまた、というより他ならぬ自分たちのような、独自の学習能力と思考力を持つ高性能のロボットこそが、正しく「人間」と呼ぶにふさわしいのだ、との結論に達してしまいます。ロボット生態系の構築は言ってみれば、彼らによる世界征服、人類支配に他なりません。だからじつのところこの作品「心にかなう者」は、先に論じたような、今日におけるネットワーク社会、その中での端末としてのロボットというアイディアを七〇年代において先取りした作品であり、またサイバーパンクに先立って、事実上のポストヒューマンSFとなっているわけです。

そして後者「バイセンテニアル・マン」はアメリカ合衆国建国二〇〇周年に合わせた企画ものですが、真正面から人権を獲得するロボットを描きます。主人公のロボット、アンドリューはまたしても何の偶然によってか、芸術的感受性と創造力を発揮するロボットとなりますが、所有者の善意によって信託財産を設定され、その財産でもって行動の自由を得、さらには法廷闘争を経て「三原則」の一部修正を――「三原則」に従えば、人間がロボットに自己破壊を命じた場合には、その命令に従わなければなりませんが、そのような命令の違法化を――勝ち得ます。しかしそこで彼は満足しません。彼は芸術制作から科学研究に転じて、有機的素材による人間類似、生物類似の身体へと自己の身体を作り替え、人間そっくりとなります。その上で実質的な自由、「人間と同等の権利」ではなく、「人間」としての地位を得るべく法廷闘争をくりかえしますが、敗北します。そして最終的に彼は頭脳の自己改造、人工頭脳を陽電子脳から有機素材の人工脳へと切り替えたうえで、それが急速かつ不可逆的に劣化して機能停止するように仕向けます。つまり彼の最終判断は、自分が人間となることが拒まれる究極的な要因を自分の不死性に求めたうえで、それを放棄する――人間同様に死すべきものとなることでした。この決定によってついに彼は人間としての地位を獲得し、そのまま死んでいくのです。
このように七〇年代の二短編は、それぞれ別様の仕方で、ロボットと人間の境界線が、ロボットの側から揺るがされるさまを描いていきます。これが八〇年代におけるベイリ＝ダニール・サーガの後期二部作を準備していたのです。

乱暴に言えばロボットの人間化・主人公化が、ベイリ＝ダニール・サーガの前期と後期において重大な転換をもたらしていることに、あらためて注意せねばなりません。前期と後期において、ロボットによる宇宙植民か、人間主体の宇宙植民か、という選択肢は変化していません。ただ選択の主体、決断の主体が、人間からロボットに移行しています。そのことによって後者においては、主人公の下す選択が一種の自己否定、自己消去という性格を強く帯びてしまっているのです。前者においては選択の主体は人間、自然人です。これまでの宇宙国家のライフスタイルの延長線上でのゆっくりした拡大を続けるか、それともロボットの利用を抑制し、人間主体での宇宙植民の道を選ぶか、いずれにせよ「ロボットを使うか使わないか」という選択、決断の主体は人間です。それに対して後者では、その選択の主役は人間たちから、ジスカルドとダニールという二人のロボットに移行してしまっています。そして彼らが選ぶ道は人間主体の植民なのだから、それは長期的にはロボットの否定であり、ある意味で自己否定につながりかねないのです。

しかもそこに「宇宙植民して繁栄すべき人間とは、人類とはそもそも何か？」という問いかけが絡まっています。とりあえずは人間、自然人にとっては、普通の庶民として生きていくならば、軽い意味で「哲学的」な、頭の体操として以上の意味を持つはずがなく、仮に全人類の命運を左右する立場に置かれたところで、さほど深く考えることなく、自分の直観に依存して答えてしまえる（つまり自分の「同胞」、自分と同じ生き物たちこそが「人間」「人類」であるとあっさり言ってしまえる）ような問いが、ロボット、「三原則」によって人間を守りそれに奉仕するように命じられ、かつその「人間」とは、「人類」とは何かを自らの責任において判断しなければならない立場に追い込まれたロボットにとっては、現実に解かねばならない問題として立ちふさがってくるのです。

7　銀河帝国史の二つの謎

この悲劇性はもちろん、ベイリ＝ダニール・ナーガの後期二部作だ、前期二部作を含めたロボット物語と、ロボット不在の銀河帝国物語をひとつの歴史としてつなぐという使命を帯びていることから来ています。しかしながら、それはたんなるつじつま合わせにとどまるものではありません。

アシモフ自身の言によれば、彼の銀河帝国にロボットが登場しなかったのは、当初は、銀河帝国の物語シリーズと、ロボット物語のシリーズとを区別しておくための便法に過ぎませんでした。しかしながら八〇年代に入り、四半世紀ぶりの銀河帝国物語、ファウンデーション前期三部作の続編『ファウンデーションの彼方(かなた)へ』を書くことによって彼は「これほどコンピューターが発達し、それに依存した社会に、ロボットが存在しないことはかえって不自然である」と自問するようになりました。つまり銀河帝国物語の構造が要求する内在的な問題として「そこになぜロボットはいないのか？」という謎を解く必要を感じ、それに対する解答を、すでに書いたロボット物語の延長に求めたわけです。当初から用意していた設定の種明かしをしているわけではありません。

七〇年代までのロボット物語、ベイリ＝ダニール・サーガの後期二部作が書かれる前の状況を見るならば、そこにはまだいくつかの可能性が残っていたと思われます。ベイリ＝ダニールの前期二部作までの歴史を一貫したものとして解釈するならば、総体としての人間社会はロボットを忌避し、ロボット利活用の中心的舞台は宇宙開発の前線に移ります。超空間航法の開発によって、太陽系外の地球型惑星に容易に植民できるようなってからは、人間社会はロボットを忌避したままの地球と、逆にロボットに依存した宇宙国家連合とに分極化していきます。そしてベイリの時代において、オーロラと地球から、新たに人間主体の宇宙開拓運動が勃興する。長期的にはこの新たな宇宙植民運動（その担い手は「セツラー」と呼ばれる）の拡大スピードは旧い宇宙国家連合のそれを上回り、結果的にはセツラーが銀河帝国を作ることとなります――これだけではしかし、ロボット依存度が低くなることは十分に説明できますが、ロボットそのものが消滅すること、そのアイディア自体までが忘れ去られ、民間伝承のレベルにまで衰退すること、の説明はつきません。

　そしてもうひとつ、銀河帝国物語において残る謎は、人類の起源たる地球が、その存在ごと忘れ去られている、ということです。ただたんに地球という惑星の所在が忘れ去られているだけではありません。少なくともベイリとダニールの時代までの一切の記録が、銀河帝国時代には残されておらず、地球やロボットの歴史は、やはりローカルな民間伝承になってしまっています。人類が単一起源の生物なのか、それとも複数の起源をもつ生物が交配を経て形成されたのか、についてさえ定説がありません。地球時代の歴史的記録がないということは、根本的な自然科学上の知見、それも理論的で一般的なものを除いては、地球時代までの知的蓄積のほとんどが、少なくともそのままの形では残されていない、ということです。ありとあらゆる文学芸術、哲学思想の大半、そして生物学の相当部分が――。この問題は銀河帝国初期を描いた『宇宙の小石』において若干問題とされますが、その時代にはまだ地球には若干の住民が存在していましたし、そこが人類の起源であることは忘れられてはいても、その存在自体は認められていました。しかしながら銀河帝国崩壊期、ファウンデーションの時代には、その存在自体完全に忘れ去られているのです。

『ファウンデーションの彼方へ』によってアシモフはこの問題に直面し、それを解く作業としてベイリ＝ダニール後期二部作と、銀河帝国物語の時系列的な最終章である『ファウンデーションと地球』を書いたのです。この作業によって当然、初期のロボット物語のみならず、銀河帝国物語、とりわけ地球の記憶が一切ない世界を描くファウンデーション前期三部作もまた、再解釈を迫られることになります。

8 ダニールの決断――自己消去するロボット再論

アシモフが先の銀河帝国史二つの謎に対して、どのような回答を出したのかと言えば、結局それは一種の陰謀論であり、ジスカルドの遺志を継承して二万年を生き続けたダニールの選択の帰結、ということになります。つまり、ロボットの歴史の表舞台からの退場と、地球の記憶の抹消は、二つながらダニール（とその指揮下にあるロボットたち）の仕事だ、ということになります。

前者のほうは、『夜明け』の頃からすでにジスカルドによって構想されていた線に沿った選択ですが、もう少し厄介なのは後者です。『ロボットと帝国』で描かれるいきさつがその種明かしということになりますが、これは半ば以上不幸な偶然の連鎖の帰結であるからです。

先述の通り『ロボットと帝国』では守旧派のオーロラ人アマディロが、亡きベイリの復讐のために地球を放射能汚染で居住不能にしようという陰謀をめぐらします。ジスカルドとダニールはタッチの差でこの陰謀の阻止に失敗し、地球の近くに眠る核分裂物質が崩壊プロセスを速めて、地表を居住不能なレベルの放射線で覆いつくすことになります。

ここでアマディロは本来、核分裂物質崩壊のスピードを速めて、現在地球上に居住する人びとすべてを速やかに殺すレベルにまで持っていくつもりでしたが、地球を長期的に居住不能にするだけで満足し、大虐殺を引き起こすつもりはなかった部下のマンダマスによって、崩壊スピードは住民の避難を可能とする程度にまで抑え込まれます。その現場をジスカルドとダニールに押さえられたマンダマスは、この選択はじつは宇宙植民のために必要なのだ、と詭弁を弄して自己弁護します。

「ぼくがやろうとしていたのは、地球の地殻の天然の放射能を徐々に高めることだった。期間は、百五十年、そのあいだに地球の人たちは他の世界に移住できる。それによって、現在の植民国家連合の人口が増大する、植民惑星の数も飛躍的に増大する。そうすることによって、スペーサーを永遠に脅かしつづけ、セツラーの気力を挫きつづけてきた、この巨大な異常な世界、地球をなきものにできるのだ。セツラーを縛りつけている神秘的崇拝の的を除去することができるのだ」

（アシモフ『ロボットと帝国』四三一―四三二ページ）

そのマンダマスを記憶喪失に追い込んだジスカルドは、落胆するダニールに対して、じつはマンダマスにスイッチを押すことをゆるしたのは自分である、と伝えてこう言います。

「なぜならば博士は真実を語っていたからだ。わたしはきみにそう言った。彼は、自分は嘘をついていると思っていた。彼の心にあった勝利感の性質から推測すると、彼はこう考えているという確かな印象を受けた。つまり、放射能が強まっていった結果として、地球人とセツラーは無政府状態となり大混乱におちいる、その隙に乗じスペーサーは彼らを壊滅し、銀河系を支配する。彼はそう信じていた。だが彼がわれわれを言いくるめるために考えついたシナリオ、あれは正しかった。人口稠密(ちゅうみつ)な巨大世界、地球を抹殺することは、わたしがすでに危険であると感じていた神秘的崇拝熱も消滅させることになり、そしてセツラーに新しい活力をあたえることになるのだから。彼らはこれまでより二倍も三倍も速いペースで銀河系にとびだしていくだろう、そして――いつも振りかえってみる地球というものがなければ、過去という神を祭りあげる地球がなければ――彼らは銀河帝国を築くだろう。それを実現させることが必要なのだ」

（アシモフ『ロボットと帝国』四三一―四三二ページ）

この「神秘的崇拝」とはなにか？　ジスカルドとダニールの、以下の対話を見てみましょう。

（ジスカルド）「しかし考えたまえ――われわれが救わねばならない人類というものを

考えるとき、それは地球人でありセツラーなのだ。彼らはスペーサーよりはるかに数も多い、はるかに活力をもち、発展性もはるかにある。彼らはロボットにあまり依存していないから、率先して行動する能力もある。短命だから、生物学的、社会的進化に対する潜在能力も大きい。短命といっても個人個人が偉大な仕事に貢献するくらいの寿命はある」

「そうだ」とダニールは言った。「簡潔に言ってくれた」

「ところが地球人とセツラーは、地球の神聖と不可侵性に、神秘的な、非理性的とすら思われる信頼をおいている。この神秘的な崇拝は彼らの進歩にとっては致命的なものではなかろうか、ロボットと長命に対する神秘的な崇拝がスペーサーの進歩を阻害したのと同じように？」

「それは考えなかった」とダニールは言った。「わたしにはわからない」

ジスカルドは言った。「きみがもしわたしと同じように、心というものを感知できたら、それについて考えることを避けるわけにはいかないだろう。――いかにして選べばよいのか？」彼は不意に熱っぽく話しだした。「人類を二つの種族に分けて考えてみたまえ。一つはスペーサー、明らかに致命的な神秘的崇拝の対象をもっている、そして地球人プラス、セツラー、これもまた致命的になりうる神秘的崇拝の対象をもっている。そして遠い未来には、もっと貧しい資質をもつ種族が新しく生まれているかもしれない。とすれば、選ぶだけではだめなのだよ、フレンド・ダニール。われわれは創ることができるだろう。望ましい種族を創って、それを守るべきなのかもしれない、二つか三つの望ましくない種族の中からむりやり選ぶよりは。しかし心理歴史学、つまりわたしが夢見ている、そして手にすることのできない科学をもたぬかぎり、どうしてわれわれに望ましい種族が創れようか?」

（アシモフ『ロボットと帝国』三九七―三九八ページ）

この時点でダニールは自ら提起した第零法則を受け入れていますが、ジスカルドは違います。にもかかわらず、ジスカルドのほうがある意味ではるかに踏み込んだことを言っていることが、容易に気づかれるでしょう。仮に「心理歴史学、つまりわたしが夢見ている、そして手にすることのできない科学」がもしいま手許(てもと)にあれば、すなわち「人間の行動を支配する法則」についての正しい知識があれば、「選ぶ」ことができるし「創る」ことができる、とジスカルドは言っているのです。だから先にヴァジリアとの会話で見せた、彼の第零法則への逡巡(しゅんじゅん)の意味を見間違えてはいけません。歴史上「人類」の名のもとに行われてきた数々の蛮行のゆえに、彼は第零法則を否定しますが、それはあくまで、現在の自分たちの知識が、これまでの蛮行の主体、虐殺者たちと同様に、第零法則を支えるに足る「人類」についての正しい理解に及んでいなかったがゆえのものであり、理論的には正しい「人類」についての知識というものは存在しうる、とジスカルドは考えています。そしてそれを得ることができれば、彼はその知識に照らして、人間集団の中からより「人類」としてふさわしいものを選び出すことができるのみならず、理想の「人類」を創りだすことさえできるのだ、とここで彼は言ってしまっているのです。

いや、もう少し踏み出しているとさえ言えるでしょう。何となればここで彼は「われわれが救わねばならない人類というものを考えるとき、それは地球人でありセツラーなのだ」と言ってしまっているのですから。地球人・セツラーとスペーサーを比べて、前者のほうがより「人類」として守り育てるにふさわしい、と選んでしまっているのです。いまだジスカルドにとって正しい「人間の行動を支配する法則」の知識、すなわち「心理歴史学」は机上の空論でしかないはずであるのに！　すでにある知識だけに基づいて、ジスカルドは、「銀河を征服するにふさわしい活力があり、明らかに致命的な神秘的崇拝にとりつかれていないのはスペーサーではなく地球人・セツラーであり、自分は後者のほうを支援する」と選んでしまっているのです。

しかしこの問題についての掘り下げはいったん措（お）いておきましょう。とりあえず見ておくべきは「神秘的崇拝」です。この「神秘的崇拝」の対象が地球人とセツラーにおいては母なる惑星地球であり、スペーサーにとってはロボットと長命、というわけです。ジスカルドはこの「神秘的崇拝」が人類を拘束し、その繁栄に限界を画している、と考えています。しかしスペーサーのそれは「明らかに致命的」であるのに対して、地球人・セツラーのそれはまだそれほどではなく、救いがある、と。

だからこそ土壇場で、ジスカルドはマンダマスを止めなかったのです。そしておそらくはジスカルドの（そしてベイリの）志を継いだダニールが、永い歳月をかけてロボットを人類社会の表舞台から消し去っていったのも、このスペーサーにとっての枷（かせ）を外す、あるいはそれがセツラーを侵さないようにするためだったのでしょう。


長くなってしまいましたが、ここまでの検討をまとめると、ロボット物語と銀河帝国物語の統合によって見えてきたのは、非常に逆説的な構図です。ロボット物語の初期においては、ロボット嫌いの偏狭な地球人であったベイリと、ベイリとの交流で学習、変容を始めるダニールとの友情物語が示すような、人間とロボットの、互いの異質性を認め合いながらの共存、というモチーフが全体を主導する、とは言わないまでも一方にあり、それが短編「災厄のとき」、あるいは『はだかの太陽』におけるロボット依存の管理社会ソラリアの描写に見られるようなシニシズムと拮抗していました。しかしながら後期における銀河帝国物語との統合によって、ベイリ゠ダニール・サーガには悲劇の色が濃くなります。自由意志を持ち実質的に人間と対等な存在となったロボットは、しかしあいかわらず「三原則」に、人間への奉仕という目的に拘束されています。「三原則」を超える「第零法則」はそこに奇妙なひねりを加えます。守り奉仕するべき究極的対象が個々人から「人類」にずれ、同時に「人類」の定義をロボットが自ら行わねばならなくなります。しかもそこで目指されるべき「人類」の繁栄はロボットへの依存を排さなければならないので、ロボットは人間社会から撤退せねばなりません。この「「人類」が何かを決めるのは、人間ではなくロボットであり、しかも「人類」の正しいあり方はロボットに依存しないものでなければならない」という悪循環を断ち切るにはどうしたらいいでしょうか？　それは結局、「人類」の定義をもっぱら人間なりロボットなりの恣意的な選択に基づけるのではなく、客観的な「人間の行動を支配する法則」

の知識、すなわち「心理歴史学」に基づけるという形でなされるしかありません。

つまり初期においては「人間とロボットの共存か、あるいはロボットによる人間支配か」という対立構図があったとすれば、後期においては「「人間はロボットに頼らず自立せねばならない」という決断をロボットが行う」という悲劇的かつ欺瞞的な構図を、「人間の何たるかを決めるのは人間自身でもロボットでもなく、客観的真理としての心理歴史学的法則である」というアクロバティックな命題が覆い隠しているのです。

何が気持ち悪いかというと、初期に伏在していた、人間とロボットの対話を通じた共同の自己探求の可能性が、後期においてはいつしか、ロボットによる自己探求（ただしテーマは人間）に一本化されてしまう、ということです。人間は基本的にここで客体とされ、能動性はロボットに奪われてしまう。しかしそのロボットの行動原理も、結局のところ「人類」なのです。前期においてほの見えていた対話のモチーフが消滅し、一方通行となっています。なぜこうなってしまったのでしょうか？　七〇年代には、自らを人間と定義し、人間となるロボットを描いていたはずのアシモフが、どうしてこのような袋小路に物語を導いてしまったのでしょうか？

第5章

銀河帝国——アシモフの世界から（2）

アシモフ「ファウンデーション」シリーズ第1作の初版本（1951年）

1　ファウンデーション

　しかし結論を急がずに、作品に即してさらに見ていかねばなりません。そもそもベイリ＝ダニール後期二部作だけを見て、アシモフの描く人類史物語を「袋小路」と断じるのは早計でしょう。たしかにこの二部作によってアシモフの二大シリーズ、ロボット物語と銀河帝国物語は統合されたわけであり、この二作はその全体の中で枢要の位置を占めると言ってよいでしょう。しかしながら本当にこの二作によって、それまでの物語の一切が包括されたといえるのか、そこに回収され切らなかったモーメントが残っていないのか、という疑問は残ります。そしてもちろん、この二部作のあとにも時系列的な終着点を描く『ファウンデーションと地球』、さらに前日譚二部作『ファウンデーションへの序曲』『ファウンデーションの誕生』が書かれてしまっているのです。そこであらためて、ファウンデーション・シリーズ——前期三部作と後期二部作、さらにセルダン二部作——を中心とする銀河帝国物語の本筋を見ていくことにしましょう。

　アシモフの銀河帝国物語は、初期、一九五〇年代までにおける、ロボット物語とは厳格に区別されていたものと、八〇年代における、ロボット物語と統合されたものとに大別できます。そして初期のものとしては、銀河帝国（トランター帝国）成立前後の時代を舞台とする

『暗黒星雲のかなたに』『宇宙気流』『宇宙の小石』と、銀河帝国崩壊期を描くファウンデーション前期三部作『ファウンデーション』『ファウンデーション対帝国』『第二ファウンデーション』を挙げることができる。そして後期は前期三部作の後日譚であり、ロボット物語との統合がなされる『ファウンデーションの彼方へ』『ファウンデーションと地球』の二部作、さらにこのロボット物語の統合を経たうえでの「種明かし」とともに前期三部作の前日譚となる『ファウンデーションへの序曲』『ファウンデーションの誕生』、という構成になっています。物語中の時系列的には『ファウンデーションと地球』が最後に位置し、それ以降の物語は書かれていません（ちなみに、アシモフ没後に後続世代の作家たちによって書かれた続編も、『ファウンデーションへの序曲』『ファウンデーションの誕生』と同時代を描いたものです）。

　すでに述べたように、ファウンデーション前期三部作は超空間航行で結ばれた恒星間文明、銀河帝国を舞台としています。そこには人類以外の知的生命も、また自由意志を持つ自律機械、人造人間たるロボットも登場してきません。そのような設定がなされた理由についてはすでに述べた通りですが、それゆえ結果的にこの前期三部作は宇宙ＳＦとしてみたとき、われわれにとって既知の歴史のアレゴリーとして以上の意味を、あまり持たないようなものとなっています。くりかえしますがそこに描かれる銀河帝国は、人間サイズに切り縮められた宇宙、われわれの知る地球社会のアレゴリー以上のものではありません。

　ではこのファウンデーションの物語が、たんなる歴史ファンタジーの宇宙版以上のものではないかと言えば、じつはそうでもありません。それは寓話であるとしても、ただたんにわれわれがすでに知っているような帝国の盛衰、文明の興亡についての寓話にとどまるわけではないのです。それは言ってみれば管理社会についての寓話であり、そのような意味においてやはりファンタジーとは区別される本格的なSFとしての性質を備えていると言えます（むろんファンタジーとして読むこともできますが、きわめて高度に神学的なものであると言えましょう）。

　以下簡単におさらいしてみましょう。統一から数千年、惑星トランターに首都を置く銀河帝国は繁栄の絶頂にあるかに見えましたが、数学者ハリ・セルダンは自ら開発した「心理歴史学」、人間行動の統計力学的分析に基づいて、その衰退を予測します。その予測によれば銀河帝国はほどなく解体し、その後は次なる銀河文明の再興まで、三万年にわたる暗黒時代が訪れます。しかしながら適切な対策をとれば、帝国の崩壊は防げなくとも、暗黒時代を一〇〇〇年にまで短縮することができる、と。帝国中枢の不興を買ったセルダンは、銀河辺境の惑星ターミナスに、研究室もろとも追放されますが、それは自身の「心理歴史学」に基づいて誘導された結果でした。セルダンはそこで表向きは銀河文明の知識を集約し保存する『銀河百科事典』の編纂（へんさん）に従事することを目的とした、しかし実際には第二銀河帝国再建の拠点となるべき「ファウンデーション」を設立します。

セルダン没後、帝国による銀河支配はほどなく瓦解し、銀河系は割拠する軍閥によって分断されますが、ファウンデーションはそこに蓄えられた過去の銀河帝国の知識、さらには新たに開発された独自の技術をもって周辺の軍閥を籠絡し、時には科学技術を神秘のヴェールで覆う宗教支配によって、時には通商を利用した金権支配によって、新たな宇宙勢力として着々とその勢力を広げていきます。そしてこのプロセスは基本的に、セルダンが「心理歴史学」によってあらかじめ予想し、計画したとおりに進行しました。ここで注意すべきことは、ファウンデーションには一人の心理歴史学者もおらず、心理歴史学研究はセルダン没後は一切行われてはいない、ということです。その理由は、心理歴史学による予測が正確であるためには、その予測の内容自体が予測の対象となる人びとに知られていてはならない、というものでした。予測の内容を知ってしまえば、そのことによって人びとの行動が変わってしまうからです。

しかしながらファウンデーション設立後三〇〇年の頃、精神操作能力を持つミュータント、ミュールの軍閥が急に勢力を伸ばし、一時はターミナス、ファウンデーションをも占領します。そしてミュールによる征服の途中で浮上したのが、「第二ファウンデーション」の問題でした。じつはセルダンはターミナスの（第一）ファウンデーションとは別に、もう一つ「第二ファウンデーション」をターミナスの対極の「星界の果て」に建設し、そこを心理歴史学の拠点とした、というのです。つまり第二ファウンデーションは（第一）ファウンデーションとは異なり、ただセルダンの予定（セルダン・プラン）に一方的に従わされるのではなく、自ら心理歴史学的予測を行い、そしてミュールほど強力ではないが精神操作を用いて歴史に介入し、予測不能の逸脱が生じた場合にはファインチューニング、微調整を行う存在なのです。

この第二ファウンデーションについての情報にミュールは戦慄し必死の捜索を行いますが、挫折します。そしてほどなくミュールの没後、ミュールの帝国は瓦解してファウンデーションは復興します。しかし彼らは第二ファウンデーションの存在を脅威とみなし、その探索と撃滅に注力します。そして「円に端はない」がゆえにターミナスの対極はターミナス自体、つまり第二ファウンデーションはターミナスに潜伏している、と結論し、新開発の精神力場技術を用いて第二ファウンデーションの工作員をあぶりだし、殲滅（せんめつ）することに成功します。

しかしそれらはすべて第二ファウンデーションの偽装工作によるものでした。実際には第二ファウンデーションは、没落して農業惑星となった旧帝国の首都トランターに隠されていたのです。

2　セルダン・プランの裏

――このように見るとファウンデーション前期三部作は、宇宙SFとしてよりも陰謀論ファンタジーとして読まれるべきものであり、またSFとして考えるならば管理社会を描くアンチ・ユートピア＝ディストピア小説に近いとさえいえるかもしれません。ただ典型的なディストピア小説とは異なり、そこに描かれる体制への表立った批判はありません。その臆面もない乱暴さは、ベイリ＝ダニール後期二部作で描かれたジスカルドの「第零法則」をめぐる逡巡や、あとで見るファウンデーション後期二部作の主人公トレヴィズの憤懣を見る限り、八〇年代、晩年のアシモフが無批判に受け入れるようなものでは到底ありません。

むろん素直に同一視することはできないまでも、セルダン・プランはあたかもマルクス＝レーニン主義者が主張する「鉄の必然性をもって貫徹する歴史法則」のごときものであり、その前では個人の自由意志は、ミクロレベルではともかく、マクロレベルでは大した意義を持ちません。ファウンデーションと対決する野心的な帝国の将軍、そして第二ファウンデーションを探索する（第一）ファウンデーションなど、この「鉄の必然性」に反逆しようとする登場人物はすべて敗れていきます。しかしながらよく見ていくと、この「鉄の必然性」は逆らいようもない自然法則の類ではなく、「セルダンの目から見て望ましい歴史の行方」程度のものでしかありません。現実の歴史がそこから逸脱することを防ぐために、第二ファウンデーションの心理歴史学者たちは常に銀河全体を監視し、暗躍しています。そしてアシモフのタッチは、人間の自由意志をあざ笑うマルクス＝レーニン主義者とは異なり、このような抵抗者に対して同情的ではありますが、その同情はセンチメンタリズムにとどまり、総体としてはセルダン・プランの勝利をアイロニカルに肯定しているように見えます――個人の

エフゲニー・ザミャーチン『われら』（1924年）初版本

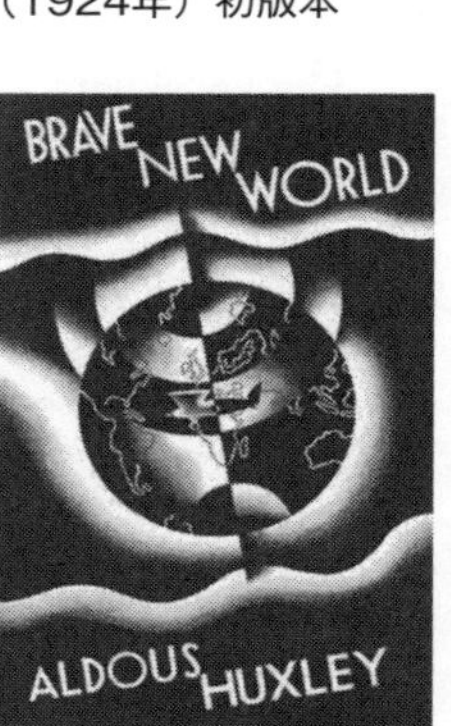

オルダス・ハクスリー『すばらしい新世界』（1932年）初版本

自由意志は美しいが、愚かで信頼するに足りない、と。

この臆面のなさには、情状酌量の余地があるでしょうか？　その場合、この前期三部作が書かれた時期を考えてみる必要があります。これらの作品は、その原型の連作中編として雑誌に掲載されたのは一九四〇年代、第二次世界大戦中から戦後にかけてです。その時代アシモフはまだ二〇代の青年であり、アシモフ家はロシア移民とは言え、スターリン時代の惨状については庶民レベルでは当時ほとんど知る由もなかったでしょうし、何よりソ連は連合国の一員で、冷戦はまだ本格的に始まってはいなかったのです。われわれの知る全体主義的管理社会のディストピアを描いたSFの古典も、エフゲニー・ザミャーチン『われら』、オルダス・ハクスリー『すばらしい新世界』は英語圏ですでに上梓されていましたが、ジョージ・オーウェル『一九八四年』の刊行は一九四九年です（アシモフ自身は『一九八四年』を駄作と片付けています）。この時代のニューディール青年、マルクス主義者ではなくとも（アシモフ自身は、マルクスとマルクス主義の著作に親しんだことはない、と証

ジョージ・オーウェル
『1984年』（1949年）
初版本

言しています）、どちらかと言えば左翼にシンパシーを抱いていたアシモフが、全体主義や管理社会に対してまだそこまで深刻な問題意識を持っておらず、人間の英知による社会改造の可能性に対する希望的観測を抱いていたとしても、それほど不思議ではないでしょう。

しかしながらスターリン主義のことを知り、冷戦、赤狩り、ヴェトナム戦争を経験した八〇年代のアシモフは、当然ながら四〇年代のナイーブさからは抜け出しているようで、それが八〇年代の統合されたロボット＝銀河帝国物語には反映しています。まずセルダン・プラン、心理歴史学のアイディアはセルダンの独創によるものではなく、遠くベイリとダニールの時代に、改革派スペーサー、そしてジスカルドの脳裏に胚胎していたものであることが示されます。そして最終編『ファウンデーションと地球』、そしてセルダンを主人公にした『ファウンデーションへの序曲』『ファウンデーションの誕生』では、帝国中枢に身を隠していた他ならぬダニールが、セルダンを援助し、心理歴史学の確立を促した黒幕であったと明かされます。心理歴史学とセルダン・プランによる人類支配の野望が、天才の無邪気な理想主義や思い付きからくるのではなく、それ自体、長い歴史を背負った苦悩の積み重ねの所産であることが明らかにされるのです。そして後期二部作『ファウンデーションの彼方へ』『ファウンデーションと地球』では、今一度（第一）ファウンデーションのセルダン・プランへの必死の抵抗のみならず、第二ファウンデーションさえ特権的な「第一動者」ではないことが明らかとされ、今一度すべてが洗いなおされて人類の未来の選択が要求されます。

3　ロボット物語との統合

書かれ公刊された順番が『ファウンデーションの彼方へ』『夜明けのロボット』『ロボットと帝国』『ファウンデーションと地球』という具合に、ベイリ＝ダニール後期二部作を挟む形となっていることに注意しつつ、ファウンデーション後期二部作の内容を眺めてみましょう。まず『ファウンデーションの彼方へ』では、（第一）ファウンデーションの若手議員トレヴィズが、第二ファウンデーションが生き残っていること、だとすればセルダン・プランなるものは彼らの仕掛けた欺瞞であることを主張して拘束され、ファウンデーション市長の密命で、歴史学者のペロラットとともに第二ファウンデーション探索行に派遣されます。他方第二ファウンデーションでも、若手の「発言者」（第二ファウンデーション最高評議会のようなもの）ジェンディバルが、かつてのミュールかそれ以上の力を以て第二ファウンデーションをも謀ってプランに干渉する「反ミュール」とでも呼ぶべき謎の存在に気付き、その探索に乗り出します。第二ファウンデーションの所在地は人類発祥の地、伝説の「地球」ではないかと推測したトレヴィズが、その名称ゆえに「地球」候補ではないかとあたりをつけてたどり着いた惑星ガイアは、同時にまたジェンディバルの「反ミュール」探索行の終点でもありましたが、ミュールの故郷でもあったガイアは、第二ファウンデーションの心理歴史学者たち以上の精神操作能力をもって、そこに居住する人類を含めた全生態系がひとつの統合知性を形成する異様な世界でした。そこでトレヴィズは人類の前に開かれた三つの選択肢――（第一）ファウンデーションによる、物理的テクノロジー・軍事力主導の第二銀河帝国か、第二ファウンデーションの心理歴史学・精神支配による第二銀河帝国か、それとも、ガイアの銀河大への拡大＝ガラクシアか――を前に選択を迫られます。

とりあえずガイアを選択したトレヴィズでしたが、それは拮抗する諸勢力間の正面衝突、戦争を回避するための苦肉の選択であり、一時しのぎでした。続編の『ファウンデーションと地球』ではトレヴィズとペロラットはガイアの一員プリスを伴い、ガイア自身も知らないガイア出自の真相を探るべく、人類とロボット双方の故郷である地球の探索行を続行します。その途中で彼らは『ロボットと帝国』の時代に無人惑星と化していたソラリアに出会い、じつはソラリア人は消滅したのではなく、自らを雌雄同体に改造し、地下に引きこもって全宇宙との交渉を断ち、孤立することを選んだのだ、という事実を知ります。そしてさらなる探索の果て、ついにたどり着いた地球は放射能まみれの死の惑星でした。しかしその周囲を回る巨大衛星（月）に精神活動の反応を探知した一行は、ついにそこでダニールと出会い、ジスカルドからセルダンまで延々と連なる因縁、ロボットと銀河帝国、そして両ファウンデーションとガイアの真実を知ることになります。第二ファウンデーションがセルダン・プランにおいて（第一）ファウンデーションの保険であり裏方であったとしたならば、ガイアはそのまた保険であり裏方であり、ダニールによって用意されていたいま一つの選択肢だったのです。陽電子脳の更新の限界に近づき、機能停止を間近に控えたダニールに、あらためて全人類の未来の選択を託されたトレヴィズは、結局ガイア＝ガラクシアを選択しますが、胸にはなお一抹の不安が残りました――。

4　誰が（何が）人類の未来を選ぶのか？

ここであらためて、各段階における問題の状況を整理してみましょう。

ベイリ＝ダニール前期二部作

選択肢：スペーサーか地球人（セツラー）か

主体：人間

ベイリ＝ダニール後期二部作

選択肢：スペーサーかセツラーか

主体：人間からロボットに移行

ファウンデーション前期三部作

選択肢：セルダン・プランの支配（を貫徹させるかどうか）

主体：不在（あえて言えば登場してこないロボット）

ファウンデーション後期二部作

陽表的選択肢：第一ファウンデーションか第二ファウンデーションかガイア＝ガラクシアか

陰伏的選択肢：ソラリア（スペーサーの成れの果て？）

主体：人間

すでに述べたように、ベイリ＝ダニール・サーガの前期と後期においては、登場人物の、そして読者の前に広げられた手札、人類の未来構想の選択肢の内容は変わりませんが、それを選び取る主体が移動しています。すなわち、人間イライジャ・ベイリから、ロボットのジスカルドとダニールに。そして主体がロボットたちに移動すると、じつは選択の質も変化します。第一にジスカルドもダニールも「第零法則」を前にしての葛藤はあれ、セツラーによる銀河帝国という選択肢に初めからコミットしています。第二に、しかしその選択の受益者は相変わらず人類であり、ロボットではありません。ここで選択の主体と客体との間にずれが生じています。

そしてファウンデーション前期三部作においては、選択、ということ自体が問題となっていません。人類の未来のための一貫した構想としては、セツラーによる銀河帝国を継承するセルダン・プランがあるのみで、自由意志をもってそれにあらがおうという人間たちには、個人的な実存の切実さはあったとしても、セルダン・プランに対するオルタナティヴはないのです。人類の未来の意識的な選択、という問題が再浮上するのは、ベイリ＝ダニール・サーガ後期二部作を間に挟んでの、ファウンデーション後期二部作においてです。そこではふたたび、人間の手に選択が委ねられますが、選択の内容は変化しています。もはやスペーサーは滅びたのであり、そのやり方――ロボット主体の銀河帝国――は問題とならず、その代わりに人間主導の銀河帝国か、あるいはガイアか、という新たな選択肢が提示されます。

『ファウンデーションの彼方へ』『ファウンデーションと地球』で結局ガイア＝ガラクシアは同じ選択主体、人間トレヴィズによって逡巡の果てに二度選ばれるのですが、『ファウンデーションの彼方へ』におけるそれはたんなる時間稼ぎであり、真の意味での決断は『ファウンデーションと地球』において行われます。

確認しておきましょう。まず『彼方』終幕での対話から引用します。

（ガイアの一員）ノヴィはいった。「第二銀河帝国――ターミナスのやりかたで作りあげられるものは、闘争によって樹立され、闘争によって維持され、その結果、闘争によって滅ぼされる軍事帝国になるでしょう。それは、第一銀河帝国の再来にほかなりません。それがガイアの見解です。

トランターの流儀によって作られる――第二銀河帝国は、計算によって樹立され、計算によって維持され、そして計算によって永遠に生ける屍（しかばね）となる、家父長的帝国になるでしょう。これは行き止まりです。これがガイアの見解です」

トレヴィズはいった。「では、ガイアは別の選択肢として、何を提供するのか？」

「より偉大なガイアを！　ガラクシアを！　あらゆる居住惑星が、ガイアのように生きるのです。あらゆる生きている惑星が結合して、もっとずっと偉大な超宇宙生命になるのです。あらゆる非居住惑星も参加します。あらゆる恒星も、星間ガスのあらゆる断片も。たぶん、巨大な中央ブラックホールさえも。生ける銀河系。それも、まだわれわれに予想もつかないような方法で、すべての生命にとって都合のよいものにできる銀河系です。以前にあったすべてのものとは基本的に異なった生き方。そして、昔の過ちを絶対に繰り返さない生き方です」

「新しい過ちを生み出すさ」ジェンディバルは皮肉につぶやいた。

（アシモフ『ファウンデーションの彼方へ』文庫版下巻三〇七ページ）

ところでガイアはどこからやってきたのでしょうか？

「ガイアは何千年も昔に、かつて短い期間に人類に仕え、そして今はもう人類に仕えていないロボットの助けを借りて、形成されたのです。ロボットたちはわれわれに次のことを明らかにしました。われわれは〝ロボット工学の三原則〟を生物一般に厳密に適用することによってのみ生き延びることができると。その観点からいうと、第一原則はこうなります。「ガイアは生物を傷つけてはならない。また、危険を見逃すことによって、生物に危害をおよぼしてはならない」われわれは自らの歴史全体を通じてこの原則に従ってきました。そして、これ以外のことはできないのです。

その結果、われわれは今は無力です。われわれは自らの生ける銀河系の理想を、十の十八乗の人間や、その他の無数の生命形態に強制して、たぶん莫大（ばくだい）な数の生物に害をおよぼすことはできません。そうかといって、何もせずに、われわれが防ぐことができたかもしれない闘争で、銀河系の半分が自滅するのを傍観することもできません」

（アシモフ『ファウンデーションの彼方へ』文庫版下巻三〇九―三一〇ページ）

これを聞いたトレヴィズは、じつはガイアはそれ自体でロボットなのではないか、という疑問を口にしますが、その回答ははぐらかされます。

しかしながら読者としては、次のような疑問を抱く余地があります――ガイアにとって、「トランターの流儀」、第二ファウンデーションの心理歴史学による支配では何がいけないのか？　それとガイアとの間に、本質的な違いがそもそもあると言えるのか？　『彼方』の段階でガイアが与える説明は、やや自家撞着（じかどうちゃく）のきらいがあります。すなわちガイアは一方では先に見たごとく、第二ファウンデーションの支配は全体主義的管理社会となり、停滞をもたらす、と批判しながら、他方では「トランターの発言者たちは結局、独立した自由意志を持った人間であり、従来の人間と同じです。かれらには破壊的競争、政治的競争、どんな犠牲もいとわない激烈な上昇指向はないのでしょうか？」（アシモフ『ファウンデーションの彼方へ』文庫版下巻三二四ページ）と当てこする。しかし程度の差こそあれ、第二ファウンデーションもまた第一ファウンデーションと同様、闘争をはらむ多元的社会であるならば、停滞の危険を免れているとは言えないでしょうか？　逆に、ガイア＝ガラクシアが停滞を免れているというなら、その理由は何でしょうか？

その種明かしは、『ファウンデーションと地球』終幕で他ならぬダニールによってなされます。

トレヴィズは眉をひそめた。「人類全体にとって何が害になり、何が筈にならないか、どのように決めるのだ？」

「まさにそれが問題です」ダニールはいった。「理論的には、第零法則がわたしたちの問題の答えでした。しかし実際上は、決して決定できませんでした。一個の人間は具体的なものです。ある個人への加害は、評価も判断もできます。しかし、人類は抽象的な概念です。それをどのように扱うことができますか？」

「わからない」トレヴィズはいった。

「待って」ペロラットがいった。「人類を単一の有機体に変えることができるだろうに。ガイアだよ」

「わたしはそれをやろうとしたのです。わたしはガイアの基礎を作りました。もし人類を単一の有機体にすることができれば、それは具体的な一個のものになり、処理することができるようになるでしょう」

（中略）

「しかし、おまえに代わって、ぼくが決定する必要があった。そうだな、ダニール？」

「はい、さようです。ロボット工学の諸原則は、わたしやガイアが決定をして、人類に害を加える機会を作ることを許しません。一方、五世紀前に、ガイア確立の過程に立ちはだかっているすべての障害を丸くおさめる方法を、どうしてもわたしが案出することができないらしいとわかった時、わたしは次善の策を採り、心理歴史学という科学の発達を助けることにしました」

（アシモフ『ファウンデーションと地球』文庫版下巻三五七―三五九ページ）

5　そこに「自由」は存在するのか？

注意しておくべきは、先に検討したベイリ＝ダニール・サーガ後期二部作は、『ファウンデーションの彼方へ』のあとに書かれている、ということです。ファウンデーション前期三部作全体を領導していた心理歴史学がスペーサー改革派、そしてジスカルドによって着想されていた、という事実は、そこで初めて導入されていたのです。

そのことによってわれわれは、アシモフの自由理解をもう少し立体的に知ることができます。ファウンデーション前期三部作だけを見る限り、そこでは人間、具体的な個人レベルでの自由意志は、あくまでも個人の実存レベルでの意味しかなく、心理歴史学が見出す（みいだ）マクロ的な歴史法則の前では抑圧されるしかない――という、その悲劇的でアイロニカルな認識が濃厚です。しかしながらベイリ＝ダニール・サーガでは、すでに前期二部作において短命でリスク志向の地球人たちのほうが、長命でロボットで守りをかためたスペーサーよりも、宇宙に広がり繁栄するポテンシャルにおいてより有望である、との認識が提示されています。後期二部作における心理歴史学というモチーフの導入がそこに絡まると、どういうことになるでしょうか？　心理歴史学による予測が、予測対象としての人間、人類からは隠されねばならない理由は、何も予測の知識を得てしまうことによって人間たちの行動が変化し、予測を不可能にしてしまうから、だけではありません。地球人＝セツラーが旺盛なフロンティア・スピリットをもって銀河を征服していくためには、彼らに自己の自由たることを確信させねばならない——自分たちの行動が前もって予測されたり操られたりしていると思わせてはならないからでもあります。

すなわち、前期から後期にかけて、ファウンデーション・シリーズにおける自由認識は、微妙に転回しています。前期においてはかなりストレートに、マクロレベルでの法則性とミクロレベルでの個人の自由の絶対的な対立の悲劇性が描かれていたのに対して、後期においては広い意味でヘーゲル的、あるいはマルクス的な「歴史の狡知（こうち）」の発想——マクロレベルでの法則の貫徹はミクロレベルでの自由な行動によってこそ実現する、という——が、（前期にも皆無だったとは言わないまでも）より濃厚になっています。そのような（古い大げさな言い回しをすれば）弁証法的なダイナミズムが、ジスカルドの悲劇が象徴する「ロボットの自己実現による自己否定」をも生んだのだと言えるでしょう。

しかしながらアシモフにおいては、ヘーゲルの「絶対知」やマルクスの「共産主義」のような終局における予定調和、アレクサンドル・コジェーヴのいう「歴史の終わり」はじつは存在しないことが、『地球』終幕でのダニールの告白によって明らかとされてしまっています。

上述したように『ファウンデーションの彼方へ』の段階での心理歴史学は一見、まさに自由と法則性＝秩序の弁証法的ダイナミズムの知そのものです。それは人間たちに自由を保障することを要求する一方で、その人間たちをマクロ的な「人類」の繁栄のために容赦なく支配し、操作する。心理歴史学という科学が存在し、それが「人間の行動を支配する法則」を解明してくれるからこそ、ロボットはそれを基準に、「第零法則」を実行していくことができる――ように見えます。しかしながら『ファウンデーションと地球』終幕でのダニールの告白は、それが「次善の策」にしか過ぎなかったこと、「第零法則」を具体化するための最善の選択とは、ガイア＝ガラクシアの実現によって、「人類」を「同じ心理歴史学的法則に服する個体群」からもっと具体的な存在、つまりは一個体へと変造すること、であったことを明らかにするのです。なぜこれが第二ファウンデーションの心理歴史学的支配より望ましいのでしょうか？　目標がより具体的となるからです。「人類」の存在をより具体的な実体、たった一つの個体に定着させるからです。

これが何を意味するかと言えば、結局ダニールも、ジスカルドを死に追いやった呪いから自由ではない、ということです。心理歴史学が確立されていれば、抽象概念としての「人類」も、たんに人間が恣意的に張り付けたラベルではなく、実在する「人間の行動を支配する法則」に裏付けられた現実の性質なり関係性として実在することになります。ジスカルドも、それにのっとることさえできれば、人類の繁栄のために人間を選別し、あるいは人類の理念を実現するにふさわしい人間を「創る」ことさえできると夢見ていました。にもかかわらずそうした「人類」理念を裏付ける心理歴史学が不在だったために、ジスカルドはあくまでも具体的な個人、自然人を守るという第一原則の枠から外れることができず、それゆえアマディロとマンダマスの精神を破壊するストレスに耐え切れずに機能停止したのです。

ベイリ＝ダニール後期二部作を踏まえたうえで、この『ファウンデーションと地球』終幕でのダニールの末期の告白を聞く限りでは、ダニールもまたジスカルドと同様に、「第零法則」の具体化の困難の前に立ちすくんでいます。そもそも彼の言を信じるならば、ジスカルドの「心理歴史学」ヴィジョンをも超えてダニールは、「人類」を具現化する個体としてのガイア＝ガラクシア構想にたどりつき、長い時間をかけてようやく実現したのです。しかしながらそれは銀河帝国解体には間に合わず、そのため次善の策として心理歴史学が用意され

	選択肢	主体
ベイリ＝ダニール前期二部作	スペーサーか地球人（セツラー）か	人間
ベイリ＝ダニール後期二部作	スペーサーかセツラーか	人間からロボットに移行
ファウンデーション前期三部作	セルダン・プランの支配（を貫徹させるかどうか）	不在（あえて言えば登場してこないロボット）
ファウンデーション後期二部作	第一ファウンデーションか第二ファウンデーションかガイア＝ガラクシアか（陰伏的選択肢：ソラリア〔スペーサーの成れの果て？〕）	人間

ました。しかもそれはすでに暗示され、さらに前日譚二部作『ファウンデーションへの序曲』『ファウンデーションの誕生』でつまびらかに描かれるごとく、ただたんに予測対象の人類から秘匿されるのみならず、ミュールのような不測の事態への対応も含めて、第二ファウンデーションの精神操作能力者たちによるファインチューニングなしには立ちいかないものだったのです。

6 第零法則再訪

この辺で先の整理を表にして再掲しましょう。

ここで注目していただきたいのはソラリアです。『夜明けのロボット』で提示されたソラリアからの住民消滅の謎は、二万年近くを経た『ファウンデーションと地球』でようやく明かされることになるのですが、これを仮にスペーサー的選択の成れの果てと解釈するのであれば、一見「(第一)ファウンデーションか第二ファウンデーションかソラリアか?」という対立になっているかのような『ファウンデーションと地球』終幕の、いやファウンデーション・シリーズ全体の終幕での問題設定は様相を変えます。すなわちそこにベイリ＝ダニール時代の選択肢が、陰伏的な形で持ち越されていることになるのです。

つまり『ファウンデーションと地球』終幕においては、じつは人類の未来に対する四つの選択肢が提示されていることになります。(a)(第一)ファウンデーションによる第二銀河帝国。そこでは表向きセルダン・プランは尊重されますが、この局面では実際にはそこからの脱却を目指すことになります。(b)第二ファウンデーションによる第二銀河帝国。これは本来のセルダン・プランを継承し、精神操作によるファインチューニングをともなったパターナリスティックな体制です。(c)がガイア＝ガラクシアによる統合知性、そして隠された第四の選択肢(d)が、スペーサーたちの中の過激派であるソラリア人たちによる、完璧にコントロールされた楽園たる自惑星への引きこもり。もちろんこれは『ファウンデーションと地球』の物語の中で登場人物たちによって意識されるものではありませんが、読者の前には広げられた手札であると言えます。さらにそれとベイリ＝ダニール・サーガにおいて退けられたスペーサーの選択肢との関係についても考えてみなければなりません。

「第零法則」にコミットするロボットの立場からすれば、（a）と（d）は問題外です。ここには「人類」の利益に責任をもってコミットする主体が不在です。（d）の場合ソラリアは、ソラリア人イコール人類として、自分たちソラリア人以外についてはまったくの無関心を決め込んでいます。（a）の場合にはもちろん、自己の利益だけではなく「人類」全体の利益にコミットする主体も出てくるでしょうが、そのような主体が銀河全体に自らの意志を通す力を持つ保証はないし、また複数の異なる「人類」構想が乱立し衝突する危険もあります。ゆえにロボットの立場からすれば、（a）よりも（b）の方が望ましいはずです。

しかしながらすでに見たように、ダニールによれば（b）は次善の策にしか過ぎません。最善の策は全人類をひとつの個体に統合するガイア＝ガラクシアです。「結局それは全人類のロボット化ではないか？」との疑問が、トレヴィズから提起されるのですが、ダニールのレベルにまで洗練された知性を持つロボットを「人間」と呼ぶことにはたして大きな問題があるかどうかは、ジョージ・シリーズの例を待つまでもなく、定かではありません（先に見たように、この後に執筆された前日譚二部作に登場するセルダンの妻ドースは、セルダン自身も知る通りダニールによって派遣された護衛ロボットですが、セルダンの求愛を受け入れて自らの意志によって伴侶となり、義理の息子の妻への不合理な嫉妬により嫁姑対立にまでいたります)。それによって「第零法則」にはらまれる最大の難点である「人類」の抽象性、あいまいさの問題は解決されます。またガイア＝ガラクシアの段階までくれば、人間とロボットの区別などいよいよ無意味化する、というトレヴィズの洞察を真に受けるならば、それはまさにポストロム的なスーパーインテリジェンスの一種に他ならない、ということにもなるでしょう。

しかしながら本当にそうでしょうか? まず先に見たように、仮にガイア＝ガラクシアが実現できたとしても、その実現のために銀河中の現存人類を犠牲にせねばならないのだとしたら、それはできない、という程度には、じつはダニールも(ジスカルドほどではないにせよ)「第零法則」のあいまいさに、あるいは「第一原則」の強さに制約されています。だからダニールはこの決断の責任を人間に――トレヴィズに押し付けようというわけです。しかしながら考えてみればそれはずいぶんひどい、虫のいい話ではあります。

そしてそれ以上に重要なことは以下のことです。先にも触れましたが、第二ファウンデーションによる銀河帝国をはるかに上回る統一性を備えた単一体としてのガイア＝ガラクシアが、どうして停滞しないと言えるのでしょうか? この停滞の問題は一貫して「第零法則」派にとっては重要だったはずです。スペーサー改革派が地球人解放・セツラー支持を打ち出したのは、そしてジスカルドがその路線をさらに推し進めようとしたのは、心理歴史学が実現しなくとも、「人類」理念に照らしてのファインチューニングの下でなら、短命な地球人による自由意志での試行錯誤のほうが、スペーサー守旧派の保守的なやり方よりも銀河系開拓に、ひいては人類の繁栄につながる、と考えたからではなかったでしょうか？　そして実際、スペーサー守旧派の成れの果てが、ソラリアの孤立ではなかったでしょうか？

こう考えると論点は、人類における多様性を犠牲にしてでも、ガイア＝ガラクシアの統一性をとるのか、あるいはアナーキー化の危険を冒してでも、自由な個人たちの多様性ある統一としての「人類」に賭けるか（むろん環境整備やファインチューニングは行うが）、ということになります。しかしそれほど統一性が大切だというのであれば、小規模でメンバーの同質性が高いソラリアの選択肢が「問題外」扱いされる理由がわからなくなります。

そこで今一度整理してみましょう。

- （a）においては人間、個人の自由が尊重されるが、そうした個人の自由な選択の結果が、必ずしも「人類」全体にとってよい結果をもたらすとは限らない。そう確信するものがいるとしたら無根拠な楽観論であり、そのような結果の如何(いかん)に無関心だとしたら、無責任である。

●（b）においては人間、個人の自由はある限界の中で尊重される。すなわち、個人にとっての主観的自由の感覚はその尊厳や幸福のために、また積極的に行動するための動機付けとして必須であるために尊重されるが、あくまでもそれは人類全体の利益に、その繁栄に貢献する限りにおいてである。その調整は心理歴史学者たちが行い、彼らが人類に最終的責任を負う。

●（c）においては独立した単位としての個人は消滅——はしないまでも重要性を減じる。巨大な個体としてのガイア＝ガラクシアが「人類」を体現する。その利益はガイア＝ガラクシアの自己責任か、あるいはロボットによって配慮される。ロボットはそこで「第零法則」のあいまいさに悩む必要がない。

●（d）においてはソラリア人以外は問題とするに足る「人類」ではないとして実質的に「人類」へのコミットメント自体が拒絶される以上、（a）～（c）と同列には論じられないとも言える。これがスペーサー守旧派の選択の蓋然的な帰結だとしたら、物語の早い局面で選択肢としては棄却されたのもむべなるかな、と言えそうだ。しかし実際には、（a）の下では（場合によっては（b）の下でも？）ローカルなコミュニティの自己決定として同様な引きこもりが行われ、それもまた自治の名目で容認される可能性は否定できないのではないだろうか。

またすでに述べたように、このような小規模なコミュニティのレベルであれば、ガイア＝ガラクシアのような直接的統合知性にならずとも、統一的な意思決定が比較的容易にできるだろう。そう考えると、（c）との違いはたんにその規模の違い以上のものではないように見える。

このように、とりわけ（d）ソラリアという選択肢を真摯に受け止めるならば、問題構造を整理する際にわれわれは「問題となっている「人類」の規模」をも考慮に入れなければならない、ということがわかります。どういうことでしょうか？　そもそも物語の最初から――統合される以前のロボット物語と銀河帝国物語の初期から「人間が、人類が宇宙に進出して、銀河全体に植民し、文明を広げていくことそれ自体が望ましいことである」として頭から前提されていて、それに対して懐疑がさしはさまれることが基本的にはない、ということです。著者アシモフ自身も、意識しているレベルではそうかもしれません。しかし実際の作品、作中世界においては、ソラリア人たちの選択という形で、それとは真っ向から対立する生き方、社会構想が提示されてしまっていることを無視すべきではないでしょう。このソラリアという選択肢と対比してこそ、(a)〜(c)が共有し作中でほぼ自明視されてしまっている「人間が、人類が宇宙に進出して、銀河全体に植民し、文明を広げていくことそれ自体が望ましいことである」という発想の根拠は何か、を真剣に問うことができるわけですし、また結論を先取りすれば、ファウンデーション・シリーズ、アシモフの銀河帝国物語がたんなる歴史ファンタジーではなく真剣な宇宙SFだと言いうるための根拠、地球の外、一個の惑星を超えた広大な宇宙、という舞台設定が物語において持つ意義をも、そこに求めることができるのです。

第6章

アシモフと人類の未来

アシモフ（1970年代）

先の（a）～（d）の中に対立軸を引くにはもちろん、幾通りかのやり方があります。たとえば、人類社会の多元性や個人の自由を重んじるかどうか、という軸を設定するならば、（a）と（c）とが厳しい対立関係となり、（b）はその中間に位置する、とみることができます。（d）はもし仮にそれを「自分たち以外は「人間」とみなさない」という立場として解釈するならば、（c）に近づくし、「自分たちは好きにするし、自分たち以外も好きにすればよい」という立場として解釈するならば、（a）に包摂されると言えます。

これに対して（a）～（c）と（d）をはっきり対立させる軸というものを、必ずしも「人類は宇宙に出てどんどん広がっていくべきか、それとも一惑星などの狭い限定された領域に引きこもるべきか」という問題設定を陽表的に出さずに（もし出してしまうと「宇宙に行くべきかどうか」という問いに対する結論を先取りすることになります）設定するにはどうしたらよいでしょうか？　あらためて、規範倫理学のやり方で問うならば、功利主義倫理学の枠組みに落とし込むことが、おそらくもっとも手っ取り早いでしょう。

1　功利主義と人類の未来

ジェレミー・ベンサムを始祖とする功利主義倫理学は、イマニュエル・カントの倫理学と並んで近代的な規範倫理学、実践的な道徳哲学の原点とされます。それは人間のみならずあらゆる感覚能力を持つ存在、とりわけ快楽と苦痛を感じる存在に、道徳的な地位を認め、そのような存在に対しては道徳的な配慮が必要である、とします。よりストレートに言えば、快苦を感じる存在の苦痛を減らし、快楽を増やすことはよいことであり、そのような意味でのよいことを行おうと努めることが道徳的配慮である、とします。

道徳的配慮の主体は、道徳的地位を有する存在に対して道徳的に配慮すべきです。しかしながら、道徳的地位を有する者がまた同時に道徳的配慮の主体であるとは限りません。また逆に、道徳的主体が必ずしも道徳的地位を持つとも限らない。典型的な道徳的主体は、同時にまた道徳的配慮の対象でもありますが、そのような標準から外れるケースも案外多く、それらは決して例外として無視することはできません。道徳的配慮は必ずしも相互的なものではなく、むしろその基本形は一方的なものと考えたほうがよいのです（カント的な倫理学では、道徳的主体と道徳的対象を基本的に一致するものとみなし、それを「人格」と呼びます。そこでは道徳は基本的に相互的な

ジェレミー・ベンサム

ものとみなされています）。

道徳的地位を有する、道徳的配慮の対象でありながら道徳的主体ではないものとしては、典型的には類人猿を含めた哺乳類、あるいはタコをはじめとした頭足類など、複雑な脳神経系を持つ人間以外の動物が挙げられます。また知的・精神的な能力の低い子どもや一部高齢者、障碍（しょうがい）者もしばしばこのカテゴリーに入ります。逆に道徳的主体である一方で道徳的配慮の対象とはみなされない者とは、ある解釈の下での自律型ロボットです。アシモフの世界では、この意味でのロボットの道徳的地位にはあいまいさが残ります。ジョージ・シリーズのように自ら「人間」と任ずる者や、人間になるべく闘ったアンドリューの場合には、その道徳的地位を問題にしないわけにはいきません。彼らはむしろ一人ひとりの個人の尊厳を重んじるカント的道徳の世界を求めているとさえ言えるでしょう。しかしながら「人類」の命運を――それが何たるかという問いごと――引き受けたジスカルドやダニールの場合にはどうでしょうか？　彼らは自分の立場など――自分たちが道徳的配慮の対象であるかどうかなど気にしない、無私の存在、道徳的配慮を求めない道徳的主体であろうとしているように思われます。

もちろんそこは非常に問題含みです。ダニールの行動原理は疑いなくベイリに対するたんなる忠誠というより双方向的な友情に突き動かされていますし、またダニールとジスカルドの間にも友情を見て取ることは不可能ではありません。彼らがお互いに「フレンド」と呼びかけ合うのはたんなる儀礼に終わるものではありません。そこにはたしかに相互性が見て取れます。しかし大体において、ダニールとジスカルドは、人間に対して一方的に道徳的な配慮を持って対応しているように見えます。

さてその際の尺度、達成しようとする目標が、功利主義的な快楽の最大化と苦痛の最小化、であるかどうかは必ずしも自明ではありません。そこにはじつのところいろいろな解釈の余地があります。ただ、先の配慮の一方向性を含めて、ジスカルドとダニールの立場、彼らが心理歴史学やガイア＝ガラクシアをもって人類の宇宙植民、銀河帝国樹立を支援した振る舞いと、功利主義的政策思想は、決して矛盾するものではありません。それゆえしばらくこれ――ジスカルドとダニールの立場を一種の功利主義と解釈する、というやり方――を作業仮説として使っていきましょう。

そうしてみた場合、（b）（c）（場合によっては（a）も含めてもよい）と（d）との対比、乱暴に言えば「銀河帝国か引きこもりか」の対立は、平均功利主義と総量功利主義の違い、というふうに解釈することができます。

功利主義の原型たるベンサムの定式においては、道徳の目標は「最大多数の最大幸福」、世界の中の幸福の総量の最大化です。そこでは個人間の幸福は互いに共通の尺度によって比較可能であるし、その上で集計も可能である、とされます。そう考えるならば、他の条件を一定とするならば、マクロ的に言えば、世界内の人口はより多いほうがよいことになりますし、ミクロ的に見ても、一人の人間が新しく生まれることは、それ自体としてよいことであることになります。だから実践的指針としても、他の条件を一定とすれば人口は増やすべきであり、子どもは作るべきであることになります。しかしながらこの発想は、必ずしも多くの人の直観には訴えない。功利主義者の間でも、ベンサム的な総量功利主義に対する平均功利主義、目標とされるべきは快楽の主体一人あたりの幸福の増大であって、「最大多数の最大幸福」である、という立場もまた有力です。この平均主義においては、人口の増減それ自体は道徳的には中立で、それ自体ではプラスにもマイナスにも積極的な意義は持たないことになります。またミクロ的にも、すでに生きている人間を殺すことは、近い将来に実現可能だったはずの幸福を減らすがゆえに悪であるとしても、やろうと思えばできる子作りを控えて子どもをつくらないことは、これもまた実現可能だったはずの幸福を無に帰すことであるとはいえ、道徳的には中立的でどちらでもよい、ということになります。

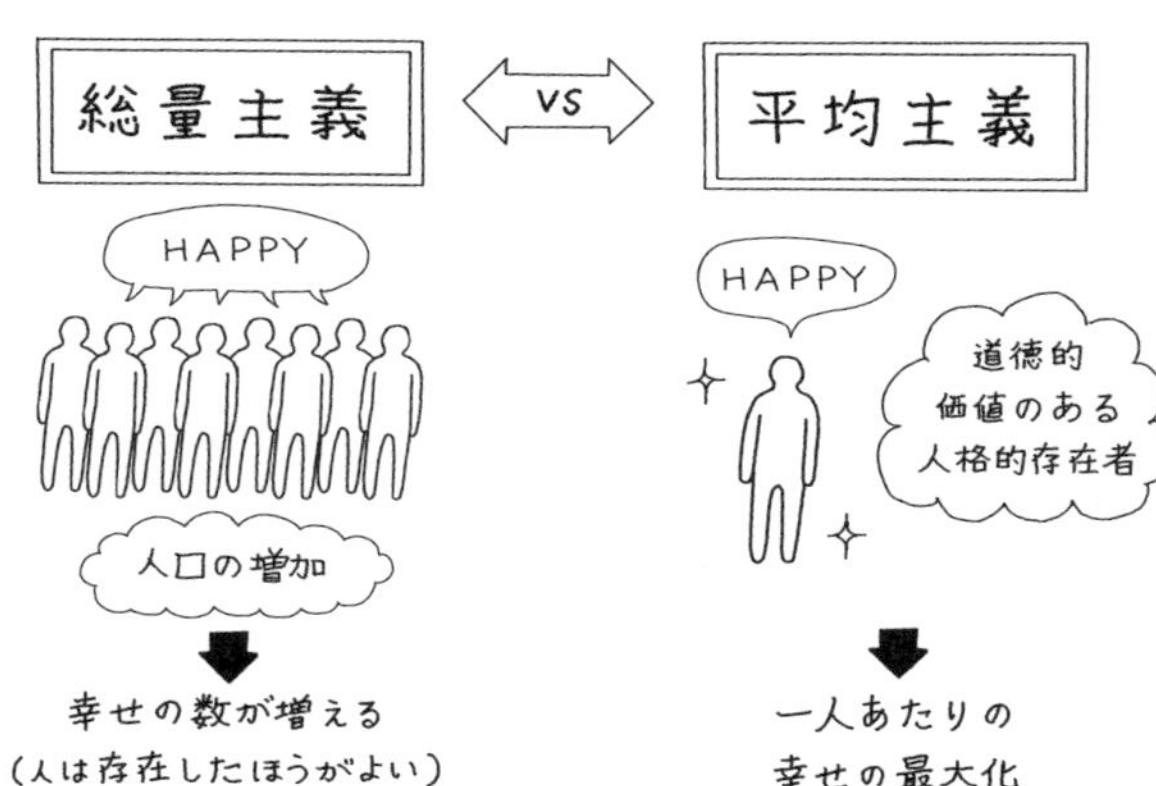

こうした平均主義の立場はまたいわゆる「存在先行説」にもつながります。すなわち総量主義からすれば、人口が増えること、つまりは生まれない・存在しないこともあり得た人間が新しく生まれることは、世界内の幸福の総量を増やすので、それ自体道徳的にプラスの意義を持つわけで、これを言い換えれば「一人一人の人間について、そのいずれも、存在しないより存在したほうがよりよい」ということになります。それに対して平均主義をとるならば、「ある人間、特定の個人の存在は、その幸福を道徳的な意義としてカウントするための前提条件ではあるが、そのこと自体、つまりある個人が存在するかしないか、ということ自体は道徳的な評価の対象とはならない」とするのです。つまり「人格的存在者の存在は、道徳的評価が意味を持つための先行条件

であって、それ自体は道徳的評価の対象とはならない」というわけです。ある意味でこうした考え方は、功利主義の枠組みの中にカント主義を密輸入する手口、と解することもできます。何となればこの考え方においては、人格の存在それ自体の価値を、人格が感受する幸福とは比較不能の、より高次の価値として隔絶した地位に置くことになるからです。

このように考えるならば、(a)(b)の銀河帝国と、(d)ソラリア的引きこもりとの違いは、目標を総量功利主義的、ベンサム的に「最大多数の最大幸福」とするか(つまり他の条件が一定ならば、意識ある存在の数は多ければ多い方がよい、と考えるか)、あるいは平均功利主義的に、道徳的に配慮すべき対象、すなわち意識を持つ存在、心ある存在一人当たりの幸福の最大化とするか(つまりそうした存在の総数、人口規模それ自体は問題としないか)、の対立として解釈できるでしょう。ほかの条件が一定であれば、人口は多ければ多いほどよく、たくさんの人間、たくさんの意識ある存在のためには、広大な空間が必要だ、というわけです。では(c)、ガイア＝ガラクシアについては?　これについては、やや議論が複雑になるので後回しにしましょう。

2　抑圧されたポストヒューマンSFとしての後期アシモフ作品

くりかえしますが物語の中では、ソラリア的選択肢は、物語の中の当事者たち、主人公たちによってそもそも選択として意識されるまでもなく拒絶されます。しかしその理由は必ずしも明らかではありません。かろうじてうかがえるのは、ソラリアの選択が望ましからざる副産物、たとえば極度の排他性と不寛容、ソラリア人以外の人類を「三原則」における「人間」から外すという暴挙ゆえに、ソラリアは否定されるべきである、という程度の理屈であり、人口を一定に保った小規模コミュニティの永続、という目標自体、あるいは人口規模それ自体の道徳的目標としての意義は結局問われないままです。

アシモフ的理路による銀河帝国の肯定と引きこもりの拒絶は、前者において実現される膨大な人口が、統計的な大数の法則の効果により、人類社会の未来を予測しやすくし、その管理を容易にする、という理屈からなされうるかもしれません。実際アシモフ自身もこのような解説を与えています。しかしながらこの理屈がどこまで説得的か、は明らかではありません。大数の法則の効果が発揮されるために、はたして銀河帝国レベルの人口——一〇〇〇兆単位——が本当に必須なのかどうか？　また逆に見れば、ソラリア程度の人口規模——せいぜい万単位——であれば、統計的効果に頼らず、徹底的に個別的な管理統制によるコミュニティ経営が可能なのではないか？　といった疑問が容易に浮上します。

むしろ反対に、このように問うことが可能かもしれません――人類の繁栄とは、ただたんに人口が増加し、一人当たりの自由と福祉が向上するだけではなく、そこでの文化が多様化していくことまでをも含意するのではないか？　人口の増加は幸福の総量だけではなく、このような多様化を生み出すがゆえに望ましいのではないか？　と。このように考えれば、ソラリアの小国寡民の理想を批判する、よりもっともらしい理由を提示できるように見えます。大規模な宇宙進出は、人口それ自体の増加を可能にするだけではなく、多様な環境との出会い、そこへの適応の必要性をとおして、人類文化の多様化に貢献するだろう。それゆえに引きこもりよりも銀河帝国がふさわしいのだ、と。先に見た、アシモフ以後の宇宙SFの展開についてのわれわれの展望は、そのような解釈の可能性を示唆します。人類の本格的な宇宙進出は、仮にそこにおける地球外知性との接触の可能性は除外しても（先述の通り、その可能性自体はきわめて低い、というのが今日の多数意見です）、人類それ自体の、文化的のみならず身体的な変容と、おそらくは多様化なしにはなされえないし、それを促進もするだろう、と。

ここで多様性それ自体が追求に値する公共的価値である、という立場を持ち出すならば当然ですが、先の議論との一貫性を重視し、多様性それ自体に目的としての価値を認めず、ただそれが幸福に寄与する限りでの手段的価値を認めるのみの功利主義的な立場にコミットする場合にも、この議論は、平均功利主義に対して総量功利主義に軍配を上げるという形で、「ソラリアよりも銀河帝国」という結論を導くのに有用でしょう。すなわち、二つの社会を比べるならば、他の条件が同じとすれば、人口がより大きい側においてのほうが、新たな文化的創造、科学的発見、技術革新がより多く起こり、長期的には幸福の総量はもとより、一人当たりの平均幸福をも上げるでしょうから。

先の宇宙SFの歴史についての考察は、この文脈においては、かつてのSFにおいて多様性という価値の追求の場として宇宙に割り当てられていた地位が、ポストヒューマニティへと移動した、という議論として読むことができます。アシモフのサーガを含め、古き良き時代、超光速が広く許容されていた時代のSFにおいては、宇宙は、人間が本質的な意味では不変なままで、異質な他者と出会う場所として設定されていました。それに対してポストヒューマンSFの台頭は、宇宙の人間にとっての過酷さ、また地球外知性との出会いのありそうもなさを前に、人間そのものが人間にとっての見知らぬ他者となる可能性、人間と人間ならざるものとの境界線自体の揺らぎへと、SFの重心が移動していくさまを示しています。

しかしそれは宇宙という主題そのものの衰退を必ずしも意味しません。宇宙とは、そのような人間の変容、ポスト／トランスヒューマニティを可能とし、また必要とする場であるからです。

アシモフのSFは、その初期においては、宇宙やロボットによって揺るがされる人間のアイデンティティの再構築を基調とする物語でした。人間は、ロボットに依存して堕落する危険をぎりぎりで乗り切って銀河を植民地化します。そうやって建設した銀河帝国も、のちに膨張しすぎたがゆえに疲弊し、自壊しますが、人間はその危機も心理歴史学という英知で乗り越えます。しかしながら晩年、ロボット物語と銀河帝国史の統合を通じて、じつはこの、ロボット退場後の人間の歴史を陰からリードしていたのはロボットであること、そのようなロボットはある意味ですでに「人間」と呼べるものになっていることが明らかとされます。にもかかわらずそのことはロボットによる「陰謀」によって「秘密」として押しとどめられ、人間たちの間に公とされません。つまり人間たちは、宇宙に進出した自分たちが（ロボットを含めた総体としての人類が）すでに事実上ポストヒューマンであることを知らされないままなのです。晩期アシモフのロボット＝帝国サーガは、自己欺瞞をはらんだ、抑圧されたポストヒューマンSFなのです。

3　やはり宇宙は「最後のフロンティア」か？

しかし、ここで話を終わらせるわけにはもちろんいきません。（c）ガイア＝ガラクシアの意味についての議論がまだ終わっていません。

すでに見たように、人類を見守る二万年の歳月に疲弊したダニールの最後の選択は、人類全体を一つの統合知性へと変容させることでした。これは「第零法則」にはらまれる困難、特定の個人ではなく全体としての「人間」とは何か、を定義することの困難を克服しようというものです。「人類全体」をたんなる抽象概念ではなく、具体的な実在にしようというわけです。そしてテストケースとしてのガイア、惑星単位での統合知性を備えた人間社会を実現したダニールは、最後に自分のもとを訪れたファウンデーション人トレヴィズに、そこから進んで銀河単位の統合知性ガラクシアを実現するか、あるいはこのまま、バラバラの個人たちからなる人類社会を維持するか、の決断を求めます。そしてガイアに対して反発し続け、個人であることの尊さにこだわっていたはずのトレヴィズ、ガイアを構成する人びとのことを、じつは人間ではなくロボットではないかとさえ疑っていたトレヴィズは、ダニールの求めに応じて、ガラクシアの実現を選択します。

しかしその理由は、必ずしも説得的なものではありません。前日譚二部作と同じ時代を舞台とする公式二次創作の作家たちを集めたパネル・ディスカッションの席上で、プロジェクト参加者のSF作家デイヴィッド・ブリンも指摘しているように（巻末の文献リストを参照のこと）、それは著者アシモフ自身も真剣にコミットする結論かどうか、も定かではありません。

作中でトレヴィズ自身の口から語られるその理由は「人類は銀河を超えた大宇宙スケールでの生存競争に備えねばならない」というものです。天の川銀河系内において進化し、銀河を征服した知的生命はただ一種、地球出自の人類だけでしたが、ほかの銀河までが空虚であるということはありそうもないことです。おそらく他の多くの銀河において、人類同様に知性を得て文明を築き、銀河を植民地化する存在が出現していることでしょう。天の川銀河を征服した人類は、順調にいけばやがて外宇宙に進出し、いずれは他の知性、ほかの宇宙文明と出会わざるを得ません。そうした文明間の接触、競争の中で人類が生き延びていくには、ガラクシアになるしかない——トレヴィズはこのように推論します。人類が多数の個人たちからなることによる多様性、そして個人の尊厳という価値を犠牲にしてでも、人類の生存、存続という価値を追求しなければならない——これがトレヴィズの判断です。

このトレヴィズの選択は、「人類しかいない銀河」に慣れきっていた読者にとってはそもそも不意打ち、予告もなしにいきなり持ち出された突拍子もない論点でもあり、物語的に非常に唐突な印象を与えるだけではありません。それはたとえ功利主義の立場をとったとしても、正当化可能であるかどうか直ちにはさだかではないのです。

ひとつの考え方としては、個人の自由を保障したところで、その個人が属する人類全体が滅びてしまったのでは仕方がない、人類社会全体の生存は、個人の自由が実現するための必要条件なのであるから、そちらが優先されるのは仕方がない、という議論がありえます。しかしながらライバル、競争相手に打ち勝っての生存の追求、を優先目的としたとしても、全人類を一丸として、単一の知性＝生命にしてしまう、という戦略は、普通に考えればむしろ悪手でしょう。一度戦争に負けたら、すべて無に帰しかねません。さらに、具体的に差し迫った脅威、現実の敵がまだ登場してもいないのに、想像上の敵との対決のために全人類を単一体に統合するということは、人類社会における多様性がもたらす利益を犠牲にしてまでも追求されねばならないものでしょうか？　そこは非常に疑わしいと思われます。

一応功利主義の立場を堅持する限りでは、以下のような議論をする余地はなくもないでしょう。すなわち、

じつのところ、ベンサム的な総量功利主義のラディカルなバージョンを採用するならば、

人格という単位はカント主義や、あるいは「存在先行説」をとって、カント主義と功利主義を妥協させようとする一部の平均功利主義（先に見たように「問題とすべきは既に存在している人間一人当たりの幸福であり、人間を新しく増やすこと自体は道徳的に善でも悪でもない」と考える）の場合とは異なって、必ずしも還元不能の絶対的不可侵なものとはみなされない。カント主義による功利主義批判のポイントは「個人の人格はより基本的な単位に還元できない、根本的な単位である。なぜなら、人格間での主観的感覚、さらに言えば快楽・苦痛の程度の相互比較は不可能であり、それゆえに、各人格の感じる快楽・苦痛を社会全体で集計すること自体が不可能である」という主張にある。しかしながら、経験論哲学の伝統に潜在し、二〇世紀末に哲学者デレク・パーフィットの仕事によって大々的に復興した立場によれば、個人の人格とは必ずしもそのような分解不能の単位ではなく、より小さな意識、心的作用が集まり組み合わさってできたシステムである。昨日の自分と今日の自分は相当程度同じ存在であるが、ほんの少しだけ違った存在でもある。そのような違いは、時間がたてばたつほど、またさまざまな経験を経て新たな知識を得、古い知識を失い、趣味嗜好、価値観が変容していけば、どんどん大きくなる。そしてパーフィットによれば、功利主義倫理学が焦点を合わせるべき単位は、誕生から死に至るまでの個人の人格総体のみならず、こうした意識の断片でもある。さらに言えばこうした意識の断片の集積としては、個人単位の人格が一つの典型であるが、たくさんの個人からなる集団もまた、それとして認められる。そのように考えるならばガイア＝ガラクシアといった統合知性の構築も、無数の人格を抹殺してたった一つの人格のみを活かす――それゆえ当然に無数の快楽を押しつぶす――蛮行とは必ずしもならず、たくさんの個人の意識を文字通り集計して巨大な一つの意識を作り上げ、それが展開する思考の量、それが感じる感覚、快楽の量も、多数の個人の思考、感覚、快楽を集計したものとして、きわめて巨大となりうる。それゆえガイア＝ガラクシアは「最大多数の最大幸福」に矛盾しないものとなりうる。

4　むしろ宇宙は「最後の安全弁」では？

しかしながら、アシモフの架空世界の中においてであればともかく、現実存在としてのわれわれ読者が、これを真に受ける必要がはたしてどこまであるでしょうか？

超光速航行が実現している――そのようなことが物理学的に可能である――アシモフの宇宙であれば、そのような心配にもリアリティがあるかもしれませんが、われわれが現実の問題として、そんなことに頭を悩ませなければならない可能性はほとんどないでしょう。仮にわれわれ人類の末裔（生物学的ヒトないしその遺伝的子孫であれ、ロボット、人工知能機械であれ）が恒星間宇宙文明を築いたとしても、地球外知性とその文明に接触する可能性はきわめて低いですし、接触したところで、それがたんなる情報・知識のやり取りを超え、資源の交易や争奪、ひいては戦争に導く可能性はさらに低いでしょう。それよりは、地球上でと同様の、人類同士の内紛、闘争の、宇宙スケールでの再演の危険の心配をしたほうがまだましです。いや、同じ人類社会の中であっても、同じ恒星系内でならともかく、恒星間での交易や紛争の可能性は低いのではないでしょうか。さらに言えば、すでにしつこく論じたように、そもそも恒星間文明を築くようになった人類は、文化的のみならず生物学的・物理的にも多様化しているはずなので、人類社会内の紛争と、人類と異種知性との闘争の間に、特段の質的違いが出てくるかどうか自体が怪しいものです。実際トレヴィズ自身も、ガラクシアへの決断を下した直後に、ロボットやガイアはもとより、身体を改造して両性体となり、ロボットやガイア人同様の精神能力を有するソラリア人が、すでに人類にとっての「他者」となってしまっているのではないか？　との疑念に襲われているのですから。

さらに議論を進めるならば、この判断は、以前のトレヴィズが無意識に前提としていたはずの人類社会の多様性、個人の自由、そして（「第零法則」への懐疑、抵抗の根拠でもある）カント的な人格の尊厳へのコミットメントと衝突するのはもちろんですが、じつは常識的な意味での功利主義の、その基本原則に反するのです。

そもそも功利主義は本来、あらゆる人格的存在は無論のこと、人格とさえ言えない、積極的な意志や推論能力を持たない生き物でも、感覚を持ち、快楽や苦痛を感じるのであれば、その福祉を重んじそれに配慮する立場です。ゆえに現代の功利主義者の多くは、種差別を批判し、動物の権利や福祉の尊重にコミットします。同じ論法は当然のことながら、地球外知性や、ある種のロボットにも及ぶはずです。「心にかなう者」のジョージが「ロボットもまた「三原則」の言う「人間」である」と判断したのであれば、地球外知性もまた同様に判断される可能性がありますし、同じロジックで「第零法則」を再解釈すれば、守られるべきは地球出自の人類だけではなく、他銀河を含めてのありとあらゆる知的生命たち、ということになるでしょう。「最大多数の最大幸福」の中には、ロボットも、異星人たちもとりこんでいかねばならないはずです。そのように考えるならばトレヴィズのこの決断は、じつはソラリアの選択と五十歩百歩の、そして現実世界においてアシモフ自身が批判してやまなかったはずの差別主義、ショーヴィニズムの一種に他ならない、ということになってしまいます。

物語においてトレヴィズは、そしておそらくはアシモフ自身も、ガイア＝ガラクシアという選択に不安を覚え、個人の人格の尊厳という価値を守りたいと望みながらも、それに抗する合理的根拠を打ち立てることができませんでした。だがわれわれは、何もカント主義をとることなくとも、ただ多様性という価値をたとえ手段的なレベルにおいてでも提示することで、あるいは功利主義を徹底することによってさえ、充分にガイア＝ガラクシアを拒絶しうるはずです。

さらにダメ押しするならば、超光速が禁じられたこの現実の宇宙においては、どだいガラクシアの実現は不可能なのであり、統合知性として実現可能であるのはせいぜい惑星スケールのガイアまでです（ひとつの思考に何万年もかかるようではどうにもなりません。何万年と言えば天文学的に見ればそれほど長い時間ではない、と思われるかもしれませんが、破壊的な超新星爆発が、この天の川銀河系内だけでも数十年に一回という頻度で起きているのです。ひとつの思考に何万年もかけねばならない銀河大の知性には、とうていこれらの引き起こすトラブルに対処することなどできないでしょう）。しかしガラクシア化を断念したガイアは、実質的にはソラリアと大差ない代物でしかないのではないでしょうか。しつこいようですが、すでに何度も見たように、恒星間文明は、仮に実現したとしても、膨大な距離に隔てられた、それぞれに独立性の高いローカルな（せいぜい太陽系スケールの）共同体同士の、ゆるやかなネットワークでしかありえないのです。

　逆に言えば宇宙進出は、ガイア的な統合からの脱出、それへの抵抗を可能にするという観点からも、人類社会における多様性の確保に役立つ、とさえ言いうるでしょう。すなわち、アシモフのロボット＝帝国サーガにおいて開示された選択肢は、われわれの現実世界においては二つの選択肢に縮退せずにはいないのです。つまるところ、現実にはガラクシアという選択は成り立ちえず、われわれが選びうるのはせいぜい、ガイアかあるいは銀河帝国、いや帝国というより、ゆるやかな銀河ネットワークか、という選択肢のどちらか、あるいはその中間のもう少し穏健な道のどれか、くらいのものなのです。

　私が『宇宙倫理学入門』において人類の本格的な宇宙進出、宇宙植民の可能性に対して懐疑的だった理由のひとつは、宇宙進出が、恒星間宇宙どころか太陽系内レベルにおいてさえも、現在実現しつつある、高密度な双方向通信ネットワークによる統合情報社会の利便性の大部分を捨てることと引き換えにしかなされえない、というものでした。この利便性と引き換えに、統合情報社会からあえて距離を置く新開地を宇宙に求める理由がはたしてどこの何者にならなら生じるのか？　と。しかしながら仮に統合社会が、善意によってであれ、個を圧殺する全体主義化への危険をはらむとしたら、あるいはその危険を真剣に受け止める者がいるのであれば、そうした危険への警戒心は、宇宙植民の理由のひとつになりうるのかもしれません。

5 「袋小路」か？

やや先走ってしまいましたが、以上のように考えるならば、アシモフが時系列的には終章である『ファウンデーションと地球』の最後を大団円とはできず、不吉な伏線を回収されないままにおいてしまったことの意味を、われわれは理解することができるでしょう（前日譚二部作については、ここでつまびらかに論じる余裕はありませんが、セルダンがダニールの導きによって心理歴史学と二つのファウンデーションによるセルダン・プランを樹立するさまを描くこの物語は、決してこの伏線を回収するものではありえません。そこにはガイア＝ガラクシアのアイディアは登場してこないのです）。

われわれは先にジスカルドとダニールの命運を「袋小路」と呼びました。なぜでしょうか？　彼らがセツラーを選んだのは、短命な個人たちのヴァイタリティによる自由な試行錯誤の力を信じたからです。そしてそれを実現するために、自分たちを含めたロボットを歴史の表舞台から退場させることを選んだわけです。しかしながらそれはまさに「表舞台からの退場」でしかなく、完全に消滅することではありませんでした。スペーサー守旧派のやり方では（それこそソラリア的な）停滞、衰退が目に見えていたかもしれませんが、ではセツラーを自由放任することに甘んじることも、彼らにはできませんでした。短命な個人たちの試行錯誤は、うまく行くときはうまく行くが、破滅や衰退に傾いたときに、それを押しとどめる制御機構が必要だ、とダニールは考えたのです。その結果が心理歴史学によるガイドラインと、精神操作によるファインチューニングからなるセルダン・プランです。

結局そこでは、人間たちの自由意志は、ある限界内に押しとどめられ、歴史の真相は人間たちには知らされないままです。歴史を動かすダイナミズム自体は、心理歴史学の具体的実現まで含めて、人間たちの試行錯誤から来るとはいえ、全体を構想し設計し調整する主体は、あくまでもダニールらロボットです。しかしその場所にたどりついたロボットは、それこそ宇宙時代以前にそれぞれに異なった仕方で、「ロボットもまた人間である」と宣言したロボットたちの境地から、ある意味で後退しています。すなわち、ロボットの生（それを生、とよんでまずければ、活動、とでもしますか）の目的は、ロボット自身にはなく、人間、人類の繁栄にあります。しかしながらそこで人類の繁栄とは何か、そもそも人間とは、人類とは何か、を定義する際に、ベイリが亡くなった後のジスカルドとダニールは、もはや人間とまともに対話することなく、自分たちだけで決めてしまいます——もちろん彼らの間では対話がなされるものの。ダニールは「人間のタペストリー」のアイディアを人間ベイリから受け継ぐのですが、その先、その深化を他の人間とともに進めることをしませんでした。彼らはあくまでも、人間たちの恣意から、また自分たちの恣意からも独立した、客観的な真実としての「人間」「人類」の定義なるものを追い求めました。それが心理歴史学なのです。

　これを「袋小路」と呼ぶのはやや乱暴かもしれません。実際ジスカルドとダニールの目論見は結果的には当たり、短命なセツラーたちはヴァイタリティを発揮して、銀河帝国を樹立しました。彼らのプランは、総体としてみれば決して失敗してはいません。ジスカルドの悲劇的な死も、ダニールという継承者を遺してプランは続行されたのですから、挫折とは言えないかもしれません。しかしながらダニールは結局、行き詰まったと言わねばならないでしょう。たしかにガイア＝ガラクシアは「人間」「人類」の抽象性の問題を最終的に解決するかもしれません。しかしそれはいかに巨大で高性能であろうと、統合された単一体です。とするとその選択は、かつてジスカルドと彼がスペーサー守旧派を排し、セツラーを選んだ理由と真っ向から対立するのではないでしょうか？

　なるほどガラクシアはその内部で多様な選択肢をシミュレートし、ヴァーチャルな競争、自然選択を行うことはできるでしょうが、その成果が本当に、実際に多種多様な、現実の個体が体現する選択肢間の競争のそれに迫りうるかどうかは、まったく明らかではありません。社会主義経済への部分的な市場原理の導入には、結局限界があったことを思えば、楽観はできないでしょう。そもそもいったん成立したガラクシアが、さらに洗練を遂げて成長していかなければいけない理由は、いったいどこにあるというのでしょうか？　敵がいなければ強くなることはないでしょう。友がいなければ学び楽しむこともないでしょう。他者がいない世界において、はたしてガラクシア＝最後の人間に生きる甲斐はあるのでしょうか？　もしも守護者たるロボットがその役を任じようというのであれば、ロボットは人間の敵になるにせよ味方になるにせよ、陰から出てこなければならないはずです。しかしそれはセルダン・プランに反するのではないでしょうか？

あるいはトレヴィズが予感したように、外なる他の銀河からやってくる異星人たち、銀河外知性こそが、敵であれ友であれ、人類にとっての新たな他者となるのでしょうか？　しかしそうだとすれば、すでに論じたように、それらもまた広い意味では「人間」として、ロボットが奉仕すべきセルダン・プランの対象となりうるのではないでしょうか？

そのように考えると、われわれは、ダニールはすでにガイアを建設したその時点において、そしてガイアを作りながら、現存人類の銀河帝国とそれとの間の選択を自らは行うことができなかった段階で決定的に、「袋小路」に入り込んだのだと考えるべきでしょう。

アシモフの銀河帝国、ファウンデーションの物語の中で、『地球』以後の歴史は結局物語られていません。ブリンら後続の作家たちによる公式二次創作においても、それは同様です。だからこの物語の中におけるこの「袋小路」の解決は、いまだ誰によっても明示的には与えられていないことになります。ただ、もちろんありうべき解決の方向を考えることはできるでしょう。それはやはり、抑圧されたポストヒューマンSFである銀河帝国物語を、明示的なポストヒューマン物語に変えること、七〇年代の短編が示唆したように、ロボットを今一度人間と同じ地平に呼び戻し、対等な対話と闘争の主体とさせることでしょう。前日譚二部作と同じ時代を舞台とするグレゴリー・ベンフォード、グレッグ・ベア、デイヴィッド・ブリンによる公式二次創作は、人間社会の陰に隠れたロボットたちの間におけるイデオロギー対立と派閥争いを描いており、このような路線の具体化と解釈することもできます。

その上でさらに、このファウンデーションの物語をわれわれ自身の物語として、たんなる寓話(ぐうわ)ではなく、まさしく同時代のSFとして、われわれ自身の現実の見方を変えてくれる物語として読もうとするならば、どう読めばいいのでしょうか？　ひとつにはもちろん、現代のAIブームにおけるシンギュラリティ論やニック・ボストロムのスーパーインテリジェンス論が示唆するように、いやそのような人間を凌駕する超人工知能の可能性など除外しても、現代の急激な監視社会化が示唆するような、われわれ自身の無意識の欲望を先取りしてくれる快適な管理社会の問題について、とりわけロボット物語と統合されて以降のファウンデーション・シリーズは大きな示唆を与えてくれます。「災厄のとき」の「マシン」、「心にかなう者」のジョージ、そしてガイア＝ガラクシアは、ボストロム的な意味でのスーパーインテリジェンスにほかなりません。

しかしそれだけではありません。くりかえしますが、宇宙SFとして見たとき、アシモフが描く恒星間文明はいかにもクラシックです。今日のSFにおける宇宙文明の最新流行は、イーガンやあるいは小川一水が描くような、光速度の限界にあくまで拘束されながら、それでも天文学的な空間スケールで展開する、つまりそれだけの空間を横断するに必要な、天文学的な時間スケールで持続し、発展する文明――たとえば、銀河の両端を数万年かけて送られる通信のやり取りが、十分に実用的な意味を持つような文明――であって、アシモフ的な超光速はいかにも子どもっぽい、ファンタジーの魔法と同工異曲のガジェット扱いされかねません。

しかしファウンデーションの物語が最後にたどりついた、人間の銀河帝国か、統合知性ガイア＝ガラクシアか、の対立は、おそらくは管理社会のメタファーとして以上の意味を持つでしょう。くりかえしますが、光速度の限界を考えれば、ガラクシアは決して実現しえず、せいぜいガイアがいいところでしょう。言い換えるならば、恒星間文明などというものが仮に実現するとしたら、いやおそらくは、分単位、時間単位の通信時差が避けがたくなる、太陽系規模の惑星間文明でさえ、ガイア的な単一統合知性はもちろんのこと、現代の地球上で実現しつつある、双方向通信に基づいた高密度ネットワーク社会にはなりえない、ということです。宇宙文明は、緩やかな多元的低速ネットワーク社会としてしかありえない。アシモフ自身がこのことにどこまで気づいていたかどうかはわかりませんが、宇宙空間の「距離の暴虐」は決して克服しえない障壁であると同時に、一種の安全装置でさえありうるのです（管理社会からの逃走の手段としての宇宙植民、というモチーフは、じつはアシモフの友人でもあったビッグ3の一人、ロバート・A・ハインラインの好んだものでもありました。政治思想においてはアシモフと対極の保守派で、個人主義、自由市場礼賛、自力救済志向の小さな政府論者だった彼らしいと言えます）。

とはいえそのような外宇宙に、もしわれわれの末裔が乗り出していくとすれば、それはスペーサーにもセツラーにも似ていない、われわれの想像もつかないような何かであるでしょう。あくまでもヒューマニストであったアシモフは、それを正面からは描けなかったように見えます（そして政治的には対極のハインラインも、結局は広い意味でのヒューマニスト、人間中心主義者だったからでしょう、それは書けなかった。ハインラインは『月は無慈悲な夜の女王』のマイクと『愛に時間を』のミネルヴァ、という「心」を獲得したスーパーコンピューターを少なくとも二回描き出していますが、可動式のボディを持たないにもかかわらず、どちらもあまりにも「人間的」です。実際、ミネルヴァは人間とセックスしたいがために人間の身体を獲得してしまいます）。しかし「心にかなう者」などを読む限り、ある種の予感は抱いていたのではないでしょうか。もしもジョージ・シリーズとその制作したロボット生態系が、宇宙に進出していたら？――結局アシモフが描かなかったこの可能性は、いずれわれわれが現実に問わねばならない問題ではないでしょうか。

参考文献

第1章全体は
● 稲葉振一郎「これからのロボット倫理学」『続・中学生からの大学講義3　創造するということ』（ちくまプリマー新書、二〇一八年）
をもとにしています。
さらに詳しくは、
● 稲葉振一郎『宇宙倫理学入門　人工知能はスペース・コロニーの夢を見るか？』（ナカニシヤ出版、二〇一六年）
をご覧ください。
人工知能の基本的な考え方については、
● 川添愛『働きたくないイタチと言葉がわかるロボット　人工知能から考える「人と言葉」』（朝日出版社、二〇一七年）
がよい入門書です。

文中に出てきたホヤのたとえは、哲学者ダニエル・デネットやニック・ボストロムが用いています。

- Bostrom, Nick. 2014 *Superintelligence: Paths, Dangers, Strategies.* Oxford University Press. ＝倉骨彰訳『スーパーインテリジェンス　超絶ＡＩと人類の命運』日本経済新聞出版社、二〇一七年

近年の人工知能とビジネス、市民生活への影響については、

- Ajay Agrawal, Joshua Gans, Avi Goldfarb. 2018 *Prediction Machines: The Simple Economics of Artificial Intelligence* . Harvard Business Review Press. ＝小坂恵理訳『予測マシンの世紀　ＡＩが駆動する新たな経済』早川書房、二〇一九年

などが参考になります。

第2、4、5章について、まず本書での検討の対象としたアシモフの著作、ロボットと銀河帝国の二大シリーズに属するＳＦ小説と、自伝的著作を、原題と初版の刊行年も併せて列挙しますと、

- Asimov, Isaac. 1950 *I, Robot.* Bantam. ＝小尾芙佐訳『われはロボット』早川書房、二〇〇四年（「うそつき（Liar!）」「災厄のとき（The Evitable Conflict）」が収録されています）
- Asimov, Isaac. 1950 *Pebble in the Sky.* Bantam. ＝高橋豊訳『宇宙の小石』早川書房、一九八四年
- Asimov, Isaac. 1951a *The Stars, Like Dust.* Bantam. ＝沼沢洽治訳『暗黒星雲のかなたに』東京創元社、一九六四年

- Asimov, Isaac. 1951b *Foundation*. Bantam. ＝岡部宏之訳『ファウンデーション』早川書房、一九八四年
- Asimov, Isaac. 1952a *Foundation and Empire*. Bantam. ＝岡部宏之訳『ファウンデーション対帝国』早川書房、一九八四年
- Asimov, Isaac. 1952b *The Currents of Space*. Bantam. ＝平井イサク訳『宇宙気流』早川書房、一九七七年
- Asimov, Isaac. 1953a *Second Foundation*. Bantam. ＝岡部宏之訳『第二ファウンデーション』早川書房、一九八四年
- Asimov, Isaac. 1953b *The Caves of Steel*. Ballantine. ＝福島正実訳『鋼鉄都市』早川書房、一九七九年
- Asimov, Isaac. 1956 *The Naked Sun*. Bantam. ＝小尾芙佐訳『はだかの太陽』早川書房、二〇一五年
- Asimov, Isaac. 1964 *The Rest of the Robots*. Doubleday. ＝小尾芙佐訳『ロボットの時代』早川書房、二〇〇四年
- Asimov, Isaac. 1974 "... That Thou Art Mindful of Him". in 1976 *The Bicentennial Man and Other Stories*. Doubleday. ＝池央耿訳「心にかなう者」『聖者の行進』東京創元社、一九七九年。小尾芙佐訳「世のひとはいかなるものなれば……」『コンプリート・ロボット』ソニー・マガジンズ、二〇〇四年

- Asimov, Isaac. 1976 "The Bicentennial Man". in 1976 *The Bicentennial Man and Other Stories.* Doubleday. ＝池央耿訳「バイセンテニアル・マン」『聖者の行進』一九七九年。小尾芙佐訳「二百周年を迎えた人間」『コンプリート・ロボット』二〇〇四年
- Asimov, Isaac. 1979 *In Memory Yet Green: 1920-1954.* Doubleday. ＝山高昭訳『アシモフ自伝I（上・下）』早川書房、一九八三年
- Asimov, Isaac. 1980 *In Joy Still Felt: 1954-1978.* Doubleday. ＝山高昭訳『アシモフ自伝II（上・下）』早川書房、一九八五年
- Asimov, Isaac. 1982 *Foundation's Edge.* Doubleday. ＝岡部宏之訳『ファウンデーションの彼方へ』早川書房、一九八四年
- Asimov, Isaac. 1983 *The Robots of Dawn.* Doubleday. ＝小尾芙佐訳『夜明けのロボット』早川書房、一九八五年
- Asimov, Isaac. 1985 *Robots and Empire.* Doubleday. ＝小尾芙佐訳『ロボットと帝国』早川書房、一九八八年
- Asimov, Isaac. 1986 *Foundation and Earth.* Doubleday. ＝岡部宏之訳『ファウンデーションと地球』早川書房、一九八八年
- Asimov, Isaac. 1988 *Prelude to Foundation.* Doubleday. ＝岡部宏之訳『ファウンデーションへの序曲』早川書房、一九九〇年
- Asimov, Isaac. 1993 *Forward the Foundation.* Doubleday. ＝岡部宏之訳『ファウンデーションの

誕生』早川書房、一九九五年
- Asimov, Isaac. 1994 *I, Asimov: A Memoir*. Doubleday.

となります。最後の *I, Asimov* は没後に出た自伝であり、八〇年代から死の直前までの動静をカバーしています。

この他にアシモフ論として参考にした文献として、

- 永瀬唯　2001-2002　「Dead Future Remix: 第2章　アイザック・アシモフを政治的に読む」.『SFマガジン』Vol.42, No.10, pp. 208-211, Vol.42, No.11, pp. 200-203, Vol.42, No.12, pp. 212-215, Vol.43, No.1, pp. 92-95.
- 石和義之　2009「アシモフの二つの顔」『SFマガジン』Vol.50, No.7, pp. 244-275.

を挙げておきます。

なお、本文中の引用箇所に示したページは、邦訳がある場合には邦訳のページです。

第3章は稲葉『宇宙倫理学入門』第6章をもとに書き直したものです。関連文献を列挙しますと、

- Adler, Charles L. 2014 *Wizards, Aliens, and Starships: Physics and Math in Fantasy and Science Fiction*. Princeton University Press. ＝松浦俊輔訳『広い宇宙で人類が生き残っていないかもしれない物理学の理由』青土社、二〇一四年
- Anderson, Poul. 1970 *Tau Zero*. Doubleday. ＝浅倉久志訳『タウ・ゼロ』東京創元社、一九九二

年
●Baxter, Stephen. 1995 *The Time Ships*. Harper Collins. ＝中原尚哉訳『タイム・シップ』早川書房、一九九八年
●Bear, Greg. 1985 *Blood Music*. Arbor House. 小川隆訳『ブラッド・ミュージック』早川書房、一九八七年
●Benjamin, Marina. 2003 *Rocket Dreams*. Chatto & Windus. ＝松浦俊輔訳『ロケット・ドリーム』青土社、二〇〇三年
●Card, Orson Scott. 1985 *Ender's Game*. Tor Books. ＝野口幸夫訳（一九八七年）、田中一江訳（二〇一三年）『エンダーのゲーム』早川書房
●Clancy, Tom. 1984 *The Hunt for Red October*. Naval Institute Press. ＝井坂清『レッド・オクトーバーを追え』文藝春秋、一九八五年
●Clarke, Arthur C. 1953 *Childhood's End*. Ballantine Books. 1990 2nd ed. ＝池田真紀子訳『幼年期の終わり』光文社古典新訳文庫、二〇〇七年
●Clarke, Arthur C. 1968 *2001: A Space Odyssey*. Hutchinson. ＝伊藤典夫訳『２００１年宇宙の旅』早川書房、一九九三年
●Dawkins, Richard. 2006 *The Selfish Gene: 30th Anniversary edition*. Oxford University Press. ＝日高敏隆、岸由二、羽田節子、垂水雄二訳『利己的な遺伝子（増補新装版）』紀伊國屋書店、二〇〇六年

- Dennett, Daniel C. 1993 *Consciousness Explained*. Penguin. ＝山口泰司訳『解明される意識』青土社、一九九七年
- Doyle, Arthur Conan. 1926 *The Land of Mist*. Hutchinson & Co. ＝龍口直太郎訳『霧の国』東京創元社、一九七一年
- Egan, Greg. 1997 *Diaspora*. Gollancz. ＝山岸真訳『ディアスポラ』早川書房、二〇〇五年
- Forsyth, Frederick. 1971 *The Day of the Jackal*. Hutchinson & Co. ＝篠原慎訳『ジャッカルの日』角川書店、一九七九年
- 藤井太洋『オービタル・クラウド』早川書房、二〇一四年
- Gibson, William. 1984 *Neuromancer*. Ace. ＝黒丸尚訳『ニューロマンサー』早川書房、一九八六年
- Haldeman, Joe. 1997 *The Forever War*, definitive edition. Gateway. ＝風見潤訳（初版一九七四年版の邦訳）『終りなき戦い』早川書房、一九七八年
- 稲葉振一郎『宇宙倫理学入門　人工知能はスペース・コロニーの夢を見るか？』ナカニシヤ出版、二〇一六年
- 石森（石ノ森）章太郎『リュウの道』講談社、一九六九―七〇年
- 小松左京『果しなき流れの果に』早川書房、一九六六年
- 小松左京『神への長い道』早川書房、一九六七年
- Lem, Stanisław. 1961 *Solaris*. Wydawnictwo Ministerstwa Obrony Narodowej. ＝ 2014 *Solaris*.

Pro Auctore Wojciech Zemek. ＝沼野充義訳『ソラリス』国書刊行会、二〇〇四年

●Lem, Stanisław. 1977 "Poslowire do na skrajin drogi A. i B. Strugackich". ＝加藤有子訳「A&B. ストルガツキー『ストーカー』論」『高い城・文学エッセイ』国書刊行会、二〇〇四年

●中村融編『ワイオミング生まれの宇宙飛行士　宇宙開発SF傑作選』早川書房、二〇一〇年

●野尻抱介『太陽の簒奪者』早川書房、二〇〇二年

●小川一水『第六大陸』早川書房、二〇〇三年

●Robinson, Kim Stanley. 1992 *Red Mars*. Spectra. ＝大島豊訳『レッド・マーズ』東京創元社、一九九八年

●Robinson, Kim Stanley. 1993 *Green Mars*. Spectra. ＝大島豊訳『グリーン・マーズ』東京創元社、二〇〇一年

●Robinson, Kim Stanley. 1996 *Blue Mars*. Spectra. ＝大島豊訳『ブルー・マーズ』東京創元社、二〇一七年

●Scalzi, John. 2005 *Old Man's War*. Tor Books. ＝内田昌之訳『老人と宇宙』早川書房、二〇〇七年

●Smith, Edward E. 1937 ＝ 1950 *Galactic Patrol*. Fantasy Press. ＝小隅黎訳『銀河パトロール隊』東京創元社、二〇〇二年

●Sterling, Bruce. 1985 *Schismatrix*. Arbor House. ＝小川隆訳『スキズマトリックス』早川書房、一九八七年

●Strugatsky, Arkady and Boris Strugatsky. 1972 Пикник на обочине. Молодая гвардия. = 2014 *Roadside Picnic.* Gateway. = 深見弾訳『ストーカー』早川書房、一九八三年

●Varley, John. 1978 *The Persistence of Vision.* Dial Press. = 冬川亘、大野万紀訳『残像』早川書房、一九八〇年（ヴァーリイについては二〇一五年に日本版オリジナル短編集が出ています。『逆行の夏』早川書房、『汝、コンピューターの夢〈八世界〉全短編1』『さようなら、ロビンソン・クルーソー〈八世界〉全短編2』東京創元社）

●Webb, Stephen. 2015 *If the Universe Is Teeming with Aliens ... WHERE IS EVERYBODY?: Seventy-Five Solutions to the Fermi Paradox and the Problem of Extraterrestrial Life.* 2nd ed. Springer. = 松浦俊輔訳『広い宇宙に地球人しか見当たらない75の理由　フェルミのパラドックス』青土社、二〇一八年

●Weir, Andy. 2014 *The Martian.* Crown. = 小野田和子訳『火星の人』早川書房、二〇一四年

第6章、功利主義については、稲葉『宇宙倫理学入門』のほか、

●Singer, Peter. 1993 *Practical Ethics.* 2nd ed. Cambridge University Press. = 山内友三郎、塚崎智監訳『実践の倫理〔新版〕』昭和堂、一九九九年

●Parfit, Derek. 1984 *Reasons and Persons.* Oxford University Press. = 森村進訳『理由と人格　非人格性の倫理へ』勁草書房、一九九八年

がここでの議論の際に踏まえられています。また、

- Miller, J. Joseph. 2004 "The Greatest Good for Humanity: Isaac Asimov's Future History and Utilitarian Calculation Problems". *Science Fiction Studies*, Vol. 31, No. 2, pp. 189-206.

は功利主義倫理学でアシモフを読み解く、という観点からの先行研究です。

この他、

- Bear, Greg, Gregory Benford, David Brin and Gary Westfahl. 1997 "Building on Isaac Asimov's Foundation: An Eaton Discussion with Joseph D. Miller as Moderator". *Science Fiction Studies*, Vol. 24, No. 1, pp. 17-32.

は、ファウンデーション・シリーズ続編にかかわった三人の作家たち（グレッグ・ベア、グレゴリー・ベンフォード、デイヴィッド・ブリン）の討論会です。

光速度の限界に拘束された恒星間文明を描いた近年のSFとしては、

- Egan, Greg. 2008 *INCANDESCENCE*. Gollancz ＝山岸真訳『白熱光』早川書房、二〇一三年
- 小川一水『天冥の標』早川書房、二〇〇九～二〇一九年

を挙げておきます。

ハインラインの二作品にはいずれも邦訳があります。

- Heinlein, Robert A. 1966 *The Moon Is a Harsh Mistress*. G. P. Putnam's Sons. ＝矢野徹訳『月は無慈悲な夜の女王』早川書房、一九六九年
- Heinlein, Robert A. 1973 *Time Enough for Love*. G. P. Putnam's Sons. ＝矢野徹訳『愛に時間を』早川書房、一九七八年

あとがき

本書は、森岡正博、Jordanco Sekulovski両氏の編集でChisokudo Publicationsより二〇一九年中に電子書籍とオンデマンドで刊行予定の、日本人哲学者中心の論文集*Superintelligence, Singularity and Qualia: The Emerging Ethical Challenges in 21st Century Artificial Intelligence Research and Technology*（仮題）に寄稿する論文"Isaac Asimov and the Current State of Space Science Fiction: in the light of space ethics"（仮題）をもとにふくらませたものです。『宇宙倫理学入門　人工知能はスペース・コロニーの夢を見るか？』（ナカニシヤ出版、二〇一六年）の主題を継承したものであり、またフィクションと現実の交錯という観点からは、『ナウシカ解読　ユートピアの臨界』（窓社、一九九六年）、『オタクの遺伝

子　長谷川裕一・ＳＦまんがの世界』（太田出版、二〇〇五年）以来の主題に連なるものでもあります。近く両著の合本版を勁草書房より刊行予定です。

関連して、近く講談社選書メチエより『ＡＩ時代の労働の哲学』も刊行の予定です。編集は筑摩書房の平野洋子さんにお願いしました。

私はアイザック・アシモフの愛読者では決してありません。ベイリ＝ダニールの物語も、とくに後半については今回初めて通読した程度です。アシモフ自身が語る通り、アシモフは小説家としては決して一流ではなく、また時代遅れの存在です。文学的にもエンターテインメントとしても、六〇年代以降の大きな革新に基本的には乗り遅れた作家と言えます。

それでもそのような「時代遅れ」の作家として、アシモフはその時代の精神の体現者と言えますし、アイディアマンとして見たとき、やはり彼はまごうことなき天才です。たんなる予言者、未来幻視者ではなく、我々自身の欲望を水路づけし未来を作ったのです。

＊本書は二〇一八―二一年度日本学術振興会科学研究費挑戦的研究（開拓）「宇宙科学技術の社会的インパクトと社会的課題に関する学際的研究」（研究代表者：呉羽真、研究課題／領域番号18H05296）、ならびに二〇一八年度明治学院大学社会学部付属研究所一般プロジ

ェクト「宇宙倫理学の基礎的研究」（研究代表者：稲葉振一郎）の交付を受けた研究成果の一部です。

二〇一九年春

稲葉振一郎

【図版提供】
宇田川由美子　9頁，13頁，20頁，35頁，76頁，79頁，122頁，181頁
共同通信イメージズ　25頁（ゲッティ／共同通信イメージズ），28頁（DPA／共同通信イメージズ）
光プロダクション　33頁
株式会社サンライズ　43頁（©創通・サンライズ）
Breakthrough Initiatives　82頁

ちくまプリマー新書

305 学ぶということ ――続・中学生からの大学講義1 桐光学園＋ちくまプリマー新書編集部編

受験突破だけが目標じゃない。学び、考え続ければ重い扉が開くこともある。変化の激しい時代を生きる若い人たちへ、先達が伝える、これからの学びかた・考えかた。

306 歴史の読みかた ――続・中学生からの大学講義2 桐光学園＋ちくまプリマー新書編集部編

人類の長い歩みには、「これから」を学ぶヒントがいっぱいつまっている。その読み解きかたを先達に学び、君たち自身の手で未来をつくっていこう！

307 創造するということ ――続・中学生からの大学講義3 桐光学園＋ちくまプリマー新書編集部編

技術やネットワークが進化した今、一人でも様々なことができるようになってきた。新しい価値観を創る力を身につけて、自由な発想で一歩を踏み出そう。

332 宇宙はなぜ哲学の問題になるのか 伊藤邦武

「宇宙に果てはあるか」「広大な宇宙の片隅の私達は何者か」。プラトンもカントもウィトゲンシュタインも哲学は宇宙への問いから出発した。謎の極限への大冒険。

287 なぜと問うのはなぜだろう 吉田夏彦

ある／ないとはどういうことか？ 人は死んだらどこへ行くのか――永遠の問いに自分の答えをみつけるための、哲学的思考法への誘い。伝説の名著、待望の復刊！

ちくまプリマー新書

308
幸福とは何か
——思考実験で学ぶ倫理学入門
森村進
幸福とは何か。私たちは何のために生きているのか——誰もが一度は心をつかまれるこの問題を、たくさんの思考実験を通して考えよう。思考力を鍛える練習問題つき。

038
おはようからおやすみまでの科学
佐倉統
古田ゆかり
毎日の「便利」な生活は科学技術があってこそ。料理も洗濯も、ゲームも電話も、視点を変えると楽しい発見がたくさん。幸せに暮らすための科学との付き合い方とは？

195
宇宙はこう考えられている
——ビッグバンからヒッグス粒子まで
青野由利
ヒッグス粒子の発見が何をもたらすかを皮切りに、宇宙論、天文学、素粒子物理学が私たちの知らない宇宙の真理にどのようにせまってきているかを分り易く解説する。

179
宇宙就職案内
林公代
生活圏は上空三六〇〇〇キロまで広がった。宇宙が職場なのは宇宙飛行士や天文学者ばかりじゃない！　可能性無限大の、仕事場・ビジネスの場としての宇宙を紹介。

011
世にも美しい数学入門
藤原正彦
小川洋子
数学者は、「数学は、ただ圧倒的に美しいものです」とはっきり言い切る。作家は、想像力に裏打ちされた鋭い質問によって、美しさの核心に迫っていく。

ちくまプリマー新書

115
キュートな数学名作問題集
小島寛之
数学嫌い脱出の第一歩は良問との出会いから。「注目すべきツボ」に届く力を身につければ、ものごとの本質を見抜く力に応用できる。めくるめく数学の世界へ、いざ！

187
はじまりの数学
野﨑昭弘
なぜ数学を学ばなければいけないのか。その経緯を人類史から問い直し、現代数学の三つの武器を明らかにして、その使い方をやさしく楽しく伝授する。壮大な入門書。

061
「世界征服」は可能か？
岡田斗司夫
アニメや漫画にひんぱんに登場する「世界征服」。だが、いったい「世界征服」とは何か。あなたが支配者になったとしたら？　思わずナットクのベストセラー！

286
リアル人生ゲーム完全攻略本
架神恭介
至道流星
「人生はクソゲーだ！」しかし、本書のような攻略本があれば、話は別。各種職業の特色から、様々なイベントの対処法まで、全てを網羅した究極のマニュアル本！

297
世界一美しい人体の教科書〈カラー新書〉
坂井建雄
いまだ解き明かされぬ神秘に満ちた人体。最新の研究成果をもとに、主要な臓器の構造と働きをわかりやすく解説。100枚の美しい超ミクロカラー写真でその謎に迫る！

chikuma primer shinsho

ちくまプリマー新書334

銀河帝国は必要か？　ロボットと人類の未来

二〇一九年九月十日　初版第一刷発行

著者　稲葉振一郎（いなば・しんいちろう）

装幀　クラフト・エヴィング商會

発行者　喜入冬子

発行所　株式会社筑摩書房
東京都台東区蔵前二‐五‐三　〒一一一‐八七五五
電話番号　〇三‐五六八七‐二六〇一（代表）

印刷・製本　中央精版印刷株式会社

ISBN978-4-480-68354-0 C0212 Printed in Japan